preiswerte Ausgaben für Studenten, Wissenschaftler, Pädagogen und Ingenieure

Naturphilosophie

Heitler, **Der Mensch und die naturwissenschaftliche Erkenntnis.** 1962. DM 6,80

Hunger, **Die naturwissenschaftliche Erkenntnis**
Band I **Begriff und Methode.** 1960. DM 3,80
Band II **Der Mensch und die Naturwissenschaft.** 1963. DM 4,90
Band III **Prinzipienfragen der naturwissenschaftlichen Erkenntnis.** 1963. DM 4,90

Mathematik

Dedekind, **Stetigkeit und irrationale Zahlen.** 1960. DM 2,40

Dedekind, **Was sind und was sollen die Zahlen?** 1961. DM 3,80

Harbeck, **Einführung in die formale Logik.** 1963. DM 6,80

Meschkowski, **Nichteuklidische Geometrie.** 1961. DM 4,40

Meschkowski, **Wandlungen des mathematischen Denkens.** 1963. DM 5,80

Sprague, **Unterhaltsame Mathematik.** 1961. DM 6,80

Weber, **Maß und Zahl im Kunstwerk.** 1954. DM 2,90

Weinacht, **Prinzipien zur Lösung mathematischer Probleme.** 1959. DM 8,80

Wellnitz, **Kombinatorik.** 1961. DM 3,90

Wellnitz, **Klassische Wahrscheinlichkeitsrechnung.** 1961. DM 4,80

Wellnitz, **Moderne Wahrscheinlichkeitsrechnung.** 1964. DM 5,80 (Erscheint März 1964)

Wittig, **Aufgabensammlung zur Vektorrechnung.** 1962. DM 4,30

Physik

Bertalanffy, **Biophysik des Fließgleichgewichts.** 1953. DM 4,80

Einstein, **Grundzüge der Relativitätstheorie.** 1962. DM 10,80

Einstein, **Über die spezielle und allgemeine Relativitätstheorie.** 1963. DM 6,80

Heitler, **Elementare Wellenmechanik.** 1961. DM 10,80

Hunger, **Die Bildungsfunktion des Physikunterrichts.** 1959. DM 5,80

Mott, **Atomare Struktur und Festigkeit der Metalle.** 1961. DM 6,80

Nowacki, **Moderne allgemeine Mineralogie.** 1951. DM 3,80

Sanden, **Vorlesung über Mechanik.** 1955. DM 5,80

Wendepunkte in der Physik. 1963. DM 9,80

Chemie

Hedvall, **Einführung in die Festkörperchemie.** 1952. DM 9,80

Schindewolf, **Physikalische Kernchemie.** 1959. DM 10,80

Wilks, **Der dritte Hauptsatz der Thermodynamik.** 1963. DM 10,80

Technik

Pfestorf, **Kleines Lehrbuch der Elektrotechnik**
Band I **Gleichstrom.** 1961. DM 5,90
Band II **Wechselstrom.** 1963. DM 5,90
Band III **Elektrisches und magnetisches Feld.** 1960. DM 5,90
Band IV **Wechselstromlehre I.** 1963. DM 5,90
Band V **Wechselstromlehre II.** In Vorbereitung.

Unger, **Elektromaschinen-Praktikum.** 1958. DM 5,80

Otto, **Moderne Leichtbautechnik im Flugzeugbau und weiteren Anwendungsgebieten.** 1960. DM 9,80

Sonderprospekt bitte anfordern

Friedr. Vieweg & Sohn Braunschweig

wirtschaft

dynamik

Die Datenspeicherung
mit Zukunft
für die Benutzer von heute

NCR 315 CRAM

National Registrier Kassen GmbH.
Elektronenabteilung

Augsburg   Berlin   Frankfurt/M.   Gießen

Das einzige Unternehmen der Welt mit vollständigen Systemen von der Datenersterfassung durch Registrierkassen, Buchungsmaschinen und Additionsmaschinen bis zur Erstellung des endgültigen Geschäftsberichtes durch elektronische Datenverarbeitungsanlagen.

elektronische datenverarbeitung

Beiheft 4

Redaktion Dr. H. K. SCHUFF

Der Lochstreifen in informationsverarbeitenden Systemen

Herausgegeben vom
Mathematischen Beratungs- und Programmierungsdienst
Dortmund

Unter Mitarbeit von

W. EICKEN   H. K. SCHUFF   W. HENNING
H. PÄRLI   K. GAUTZSCH

Friedr. Vieweg & Sohn   Braunschweig

Inhalt

Einführung	1

Der Lochstreifen als Informationsträger

1.	Allgemeines	2
2.	Charakteristische Eigenschaften des Lochstreifens	3
3.	Die Codesysteme der Lochstreifentechnik	4
4.	Die Code-Erkennung	6
5.	Probleme der Programmierung von Lochstreifen	8

Arbeitsweise und Eigenschaften von lochstreifenverarbeitenden Ein- und Ausgabegeräten digitaler Rechenanlagen

1.	Allgemeines	13
2.	Lochstreifenstanzer	13
3.	Lochstreifenleser	16

Die Anwendung des Lochstreifens als Datenträger im Bereich der kaufmännischen Datenverarbeitung

1.	Abgrenzung des Themas	18
2.	Allgemeine Einführung	18
3.	Die Erscheinungsformen des Lochstreifens	18
4.	Das Lochen von Lochstreifen	18
5.	Grundsätzliche Organisationsformen	19
6.	Die Bedeutung des Lochstreifens für die Datenverarbeitung in Mittel- und Kleinbetrieben	20
7.	Verarbeitungsprobleme bei kaufmännischen Aufgabenstellungen	26
8.	Anwendungsbeispiele	35
9.	Zusammenfassung	36

Die Anwendung des Lochstreifens im betrieblichen Bereich

1.	Die Anwendung des Lochstreifens in der Meß- und Steuertechnik	37
2.	Fertigungssteuerung unter Einsatz lochstreifengesteuerter Werkzeugmaschinen	38

Anwendungen von Lochstreifen bei technisch-mathematischen Berechnungen sowie bei Berechnungen aus dem Gebiet des Operations Research

	41

1964

Alle Rechte vorbehalten von
Friedr. Vieweg & Sohn, Verlag, Braunschweig

ISBN 978-3-322-96063-4   ISBN 978-3-322-96196-9 (eBook)
DOI 10.1007/978-3-322-96196-9

Vorwort

Die vorliegende Veröffentlichung ist eine Gemeinschaftsarbeit von Mitarbeitern des Mathematischen Beratungs- und Programmierungsdienstes. In diesem Unternehmen wurden in den letzten Jahren umfangreiche Erfahrungen auf dem Gebiet der elektronischen Datenverarbeitung aller Stufen gesammelt, einschließlich jenem Bereich, in dem der Einsatz elektronischer Datenverarbeitungsmethoden mit geringen Investitionen erfolgt. Somit wendet sich dieses Beiheft über den Leserkreis der Zeitschrift "elektronische datenverarbeitung" hinaus an alle Praktiker, in deren Betrieben Buchungsmaschinen, Registrierkassen und ähnliche Geräte mit angeschlossener Lochstreifenstanzvorrichtung eingesetzt werden können, deren Arbeitsanfall aber nicht groß genug ist für den wirtschaftlichen Einsatz einer Rechenanlage bzw. einer Lochkartenmaschine. Darunter fallen u.a.: Betriebe des Einzelhandels - Warenhäuser, Supermärkte, Filialgeschäfte, Textilhäuser, Discountläden; Großhandelsbetriebe verschiedener Branchen - z.B. Lebensmittel, Möbel und Hausrat, Elektrogeräte, Textilien; Cash-and-Carry-Zentralen; Fabrikationsbetriebe mittlerer Größe; Lagerhäuser; Reparaturwerkstätten usw.

Wir hoffen, daß diese Veröffentlichung zur Rationalisierung von Mittel- und Kleinbetrieben beiträgt.

H. K. Schuff

Einführung

W. Eicken

"Die Lochkarte ist tot - es lebe der Lochstreifen!"
In diesen Ruf auszubrechen besteht kein Grund, wie die Erfahrung mehrfach gezeigt hat. Gleichwohl bleibt nicht zu übersehen, daß der Lochstreifen als Datenträger in informationsverarbeitenden Systemen langsam, aber stetig gegenüber seinem Konkurrenten an Boden gewinnt und diesen einerseits aus manchen Positionen, die er früher innehatte, verdrängt, andererseits zwingt, sich auf neue Gebiete zu begeben.
Ursprünglich waren "Lochstreifen" und "Lochkarten" eins. Die Steuerung der Jacquardschen Webstühle erfolgte mittels Blech- oder Papp"karten", die aneinandergeheftet waren, also einen "Streifen" bildeten. Erst, als der Deutsch-Amerikaner Hermann Hollerith gegen Ende des vorigen Jahrhunderts Maschinen erfand, die auf Lochkarten befindliche Informationen lesen, zählen und speichern konnten, war die Trennung vollzogen. Denn, von da an war die Tatsache ausschlaggebend, daß der Datenträger "Lochkarte" physisch sortierbar ist, der Datenträger "Lochstreifen" nicht. Sortieren und Zählen waren ja die Arbeiten gewesen, die Hollerith im Statistischen Bundesamt der USA zuerst mit seinen Geräten mechanisierte; und Sortieren und Zählen blieben die Hauptaufgaben der "konventionellen" Lochkartentechnik bis heute. Die Lochkarte war mithin alleiniger Datenträger in der maschinellen Informationsverarbeitung, solange es eben ausschließlich Lochkartenmaschinen gab; der Lochstreifen, den man als Informationsträger natürlich seit langem kannte, war auf den Bereich der Informationsübertragung beschränkt. Ferner wurde er - das Jacquardsche Prinzip weiter ausbauend - als Steuerungselement benutzt. Als Steuerungsmittel fand der Lochstreifen auch Eingang in den Bereich der maschinellen Datenverarbeitung: Einige der ersten Rechenanlagen wurden mit einem auf Lochstreifen befindlichen Programm gesteuert. Nun war der Schritt nicht mehr weit bis zum Lochstreifen als Informationsträger in der maschinellen Datenverarbeitung. Es bedurfte noch der Entwicklung der "internen Programmsteuerung", und der Siegeszug des Datenträgers "Lochstreifen" hätte beginnen können. Daß es kein Siegeszug wurde, sondern ein mühsames sich-nach-oben-Kämpfen, hatte verschiedene Gründe. Der eine, oft vorgebrachte, nämlich die mangelnde Sortierfähigkeit des Lochstreifens, ist von sekundärer Bedeutung; hierüber wird in den folgenden Beiträgen ausführlich gesprochen. Der zweite, auf der Hand liegende, war ungleich wichtiger: Die Tatsache, daß die größten Firmen, die elektronische Rechenanlagen herstellen, auch Hersteller von (konventionellen) Lochkartenmaschinen sind.
Zweck der vorliegenden Veröffentlichung ist es, zu zeigen, welche Eigenschaften der Lochstreifen als Datenträger aufweist und welche spezifische Problematik seine Anwendung in der Datenverarbeitung mit sich bringt.

Der erste Beitrag von H. K. Schuff ist als "Übersichtsaufsatz" für das Gesamtgebiet angelegt. Es finden sich darin eine Analyse der charakteristischen Eigenschaften des Datenträgers "Lochstreifen", eine Beschreibung der in der Lochstreifentechnik verwendeten Codesysteme sowie der Verfahren und Probleme ihrer Erkennung; ferner werden die Probleme der Programmierung bei Verwendung von Lochstreifen eingehend untersucht.

Der zweite Beitrag von W. Henning stellt die zum Lesen bzw. Stanzen von Lochstreifen an elektronischen Rechenanlagen verwendeten Geräte in ihren Grundzügen dar.

Den Kern dieser Veröffentlichung bildet der dritte Beitrag von H. Pärli. Er befaßt sich mit der Anwendung von Lochstreifen als Datenträger auf dem Gebiet der sogenannten kaufmännischen Datenverarbeitung. Hier aber steht dem Lochstreifen als bislang schier übermächtiger Konkurrent die Lochkarte gegenüber. Der Beitrag von H. Pärli geht daher ausführlich auf den Vergleich der beiden konkurrierenden Datenträger ein, deren Vor- und Nachteile eingehend untersucht werden. Dabei wird herausgestellt, daß auf kaufmännischem Gebiet der Lochstreifen als geeigneter Datenträger für solche Klein- und Mittelbetriebe angesehen werden muß, die aus Kostengründen keinen eigenen (Lochkarten-) Maschinenpark zur Datenverarbeitung unterhalten können. Das Problem der Gewinnung des Lochstreifens - also der Datenerfassung - kann sehr elegant gelöst werden, indem man diesen als "Abfallprodukt" von Büromaschinen, die mit einem Lochstreifenlocher gekoppelt sind, im Zuge der ohnehin auszuführenden "Hauptarbeit" anfallen läßt. Die Verarbeitung des angefallenen Lochstreifens kann dann sehr vorteilhaft in Rechenzentren erfolgen, die z.B. auch von mehreren kleineren Unternehmen in Benutzergemeinschaft betrieben werden können.

Die Anwendung des Lochstreifens in der Meß- und Steuerungstechnik sowie die Fertigungssteuerung unter Einsatz lochstreifengesteuerter Werkzeugmaschinen hat der vierte Beitrag von K. Gautzsch zum Gegenstand. Aus den Ausführungen wird ersichtlich, wie sehr die "Lochstreifentechnik" sich seit den Tagen Jacquards und der elektrischen Klaviere gewandelt hat.

Der abschließende Beitrag, wiederum von H. K. Schuff, beschreibt die "klassische" Anwendung des Lochstreifens bei technisch-mathematischen Berechnungen und dabei auftretende Besonderheiten.

Die genannten Beiträge gehen nach verschiedenartigen Gesichtspunkten vor. Die von W. Henning und K. Gautzsch beruhen mehr auf allgemeinen Literaturstudien; die von H. Pärli und H. K. Schuff gehen zum großen Teil auf in langjähriger Praxis erworbene Erfahrungen zurück. Damit jeder einzelne Beitrag für sich gelesen und verstanden werden kann, sind verhältnismäßig viele Überschneidungen zugelassen worden; diese sind also nicht das Ergebnis mangelnder redaktioneller Überarbeitung. Das gleiche gilt, wenn der eine oder andere Autor in einem bestimmten Punkt eine von den anderen abweichende Meinung vertritt. Wenngleich sämtliche Autoren Angehörige des Mathematischen Beratungs- und Programmierungsdienstes (Rechenzentrum Rhein-Ruhr) in Dortmund sind, so sind die in dieser Veröffentlichung erscheinenden Beiträge durchweg eigenständige Leistungen, deren spezifischer Charakter nicht angetastet wurde.

Der Lochstreifen als Informationsträger

H. K. Schuff

1. ALLGEMEINES

Als Lochstreifen werden meist dünne, leicht pergamentierte Papierstreifen verwandt (manche Streifen, z.B. die der Firma Friden, sind stark geölt). Sie sind seit Jahrzehnten im Handel und werden vorwiegend in der Telegraphie bzw. im Fernschreibverkehr verwandt. Im Vergleich zu Lochkarten und vor allem zu Magnetbändern sind sie sehr wenig empfindlich. Selbstverständlich verändern sich die Streifen bei extrem feuchtem bzw. trockenem Klima, aber kaum so stark, daß die zulässigen Toleranzen für Lese- oder Stanzgeräte dabei überschritten werden. Das hat verschiedene Gründe. Zum ersten spielt die Dicke des Lochstreifenpapiers für die Lese- und Stanzgeräte keine wesentliche Rolle; zum zweiten ist der Lochstreifen im Vergleich zur Lochkarte sehr schmal; drittens bezieht sich die Längentoleranz beim Lochstreifen zumeist nur auf zwei benachbarte Zeichen, wobei dieser sich oft um die gleiche Länge ausdehnen darf wie eine ganze 80stellige Lochkarte in der Längsrichtung, wenn auch die verschiedenen Lochstreifengeräte verschiedene Längentoleranzen aufweisen.

Ein Lochstreifen wird dadurch zum Informationsträger, daß quer über den Streifen eine Reihe von Löchern gestanzt wird. Die kleinste Informationseinheit ist dabei die einzelne Lochposition.

Eine Lochreihe setzt sich aus mehreren Lochpositionen zusammen. In jeder Lochreihe ist je nach Streifenbreite bzw. Code eine jeweils feste Anzahl von Lochpositionen vorgesehen. Eine Lochposition ermöglicht grundsätzlich die Speicherung eines Bits (kleinste Informationseinheit), je nachdem, ob sich in dieser Position ein Loch befindet oder nicht.
Die Löcher sind bei fast allen bekannten Verfahren rund. Die Informationslöcher haben einen Durchmesser von etwa 1,5 mm, die weiter unten besprochenen Führungslöcher von etwa 1 mm. Es ist nur ein Verfahren bekanntgeworden (Olivetti), bei dem rechteckige Löcher gestanzt werden. Hier fehlt übrigens das Transportloch. Größere Bedeutung hat dieses Verfahren nicht erlangt.
Eine Lochposition ist im allgemeinen nur innerhalb einer Lochreihe definiert. Diese erstreckt sich, wie gesagt, quer über den Lochstreifen. Sie besteht meist aus einem sogenannten Positions- oder Führungsloch und einer Anzahl von Informationslochpositionen. Das Führungsloch gibt Auskunft darüber, ob im Streifen überhaupt eine Lochreihe vorhanden ist oder nicht. Es dient damit zur Definition der Lochreihen längs des Lochstreifens. Es definiert aber auch die Lage der einzelnen Lochpositionen; und zwar befinden sich die Mittelpunkte der Lochpositionen in äquidistanten Abständen zu beiden Seiten des Führungsloches. Da dieses meist unsymmetrisch auf dem Streifen angeordnet ist, kann man es zur Definition einer Ober- bzw. Unterseite des Lochstreifens benutzen, sofern der Streifenanfang gekennzeichnet ist.

Der normale Abstand zwischen den Lochreihen beträgt von Mitte Führungsloch zu Mitte Führungsloch 2,5 mm. Diese Toleranzvorschrift gilt für mechanische Lesegeräte ziemlich genau. Bei anderen Geräten, z.B. fotoelektrischen, darf ein gewisser Mindestabstand nicht unterschritten werden. Ansonsten gibt es hier keine Toleranzvorschriften, da diese Geräte das Führungsloch als Merkmal für das Vorhandensein einer Lochreihe benutzen.

Das Führungsloch kann zur Definition des Begriffs "Lochkanal" verwendet werden. Und zwar versteht man unter einem Kanal die Menge der Lochpositionen, die vom Führungsloch jeweils gleichen Abstand haben. Die Anzahl Lochpositionen in einer Lochreihe bestimmt somit die Anzahl der Kanäle. Diese werden wie im nachstehenden Bild numeriert; es handelt sich um einen 5-Kanal-Lochstreifen. Es ist vorausgesetzt, daß der "Anfang" links liegt und die "Oberseite" sich wie im Bild oben befindet.

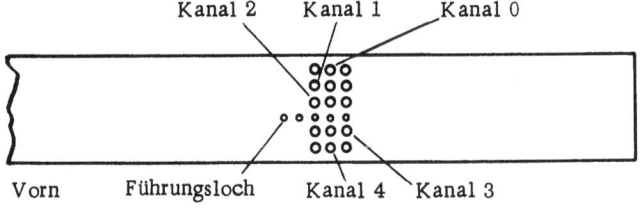

Bild 1
5-Kanal-Lochstreifen

Die Anzahl der Kanäle bestimmt das verwendete Lochstreifensystem. Im allgemeinen Gebrauch befinden sich 5-, 6-, 7- und 8-Kanal-Systeme. Der 5-Kanal-Lochstreifen findet allgemein Anwendung in Fernschreibsystemen sowie bei älteren Rechenanlagen, bei Sweda-Registrierkassen und vielen anderen Geräten. Es ist das älteste Lochstreifensystem. Gemäß den 5 Kanälen lassen sich hier je Lochreihe 5 unabhängige Lochungen unterbringen, also $2^5 = 32$ verschiedene Lochkombinationen. Da es in den meisten Sprachen wenigstens 27 Buchstaben und 10 Ziffernsymbole gibt, also 37 Zeichen, benötigt man zur Definition eines Zeichens eine Angabe, ob es sich um Buchstaben oder Ziffern (bzw. Sonderzeichen) handelt. Das ist der Hauptnachteil des 5-Kanal-Systems. Bei rein numerischer Informationsverarbeitung dagegen ist es das kleinste, das bereits die Möglichkeit eines Checkbits *) aufweist.

---

*) Checkbit: Zusätzliches Bit, das nicht zur Darstellung des Zeichens gehört, sondern einen Übertragungsfehler zu entdecken gestattet.

Die IBM sowie verschiedene Hersteller von Buchungs- und anderen Büromaschinen (z.B. Commercial Controls bzw. Friden) verwenden häufig das 8-Kanal-System, in dem freilich der achte Kanal nur gewisse Steuerungsfunktionen (Satzende) hat. An sich reichen 7 Kanäle zur Darstellung von Ziffern und Zeichen - sogar bei Unterscheidung von großen und kleinen Buchstaben - aus. Letztere wird jedoch meist, ähnlich der Unterscheidung von Buchstaben und Ziffern beim 5-Kanal-System, mit einer zusätzlichen Vorlochung durchgeführt, und man benutzt dann einen Kanal als Checkkanal. Das 6-Kanal-System entsteht aus dem 7-Kanal-System durch Fortfall des Prüfkanals. Man nennt eine Lochreihe im 5-, 6-, 7- bzw. 8-Kanal-System, gemäß den griechischen Zahlbezeichnungen, eine Pentade, Hexade, Heptade bzw. Oktade.

2. CHARAKTERISTISCHE EIGENSCHAFTEN DES LOCHSTREIFENS

Charakteristisch für den Lochstreifen ist, daß er, im Gegensatz zur Lochkarte, relativ sehr lang ist im Verhältnis zur Länge der im allgemeinen üblichen Informationssätze, so daß man stets viele Sätze hintereinander auf einem Lochstreifen unterbringen kann. Man spricht daher davon, daß er die Unterbringung von Informationssätzen variabler Länge gestattet bzw. daß er ein Datenträger mit variabler Informationssatzlänge ist.

Die Verwendung von Informationssätzen mit variabler Länge hat eine Reihe von Vorteilen. Es ist möglich, wirklich alle benutzten Informationen - falls erforderlich, mit ausreichender Redundanz (siehe Abschnitt 3) - auf dem Informationsträger aufzubringen. Hierbei wird der Satz, wie oft auch bei Lochkarten, in Teilsätze zerschlagen, deren jeder dann soviel Kennbegriffe enthalten muß, daß er als zum Satz gehörig erkannt werden kann.

Hierdurch wird bei Lochkarten erheblicher Raum vergeudet. Zudem müssen Teilsätze bei Lochkarten meist als erster bis 1-ter Teilsatz (spezielle Kartenart) gekennzeichnet sein.

Ein gewisser Nachteil beim Lochstreifen ist dagegen die feste Reihenfolge der Sätze, sobald diese einmal auf dem Lochstreifen aufgebracht worden sind. Der Lochstreifen gehört somit in die Klasse der sogenannten sequentiellen Speicher. Ein Speichermedium heißt im allgemeinen sequentiell, wenn ein Zugriff zu einem Informationssatz von der Vorgeschichte der Speicherbenutzung in folgender Weise abhängt:

a) Auf dem Speichermedium ist eine Reihenfolge für Informationssätze definiert;
b) erfolgte zuletzt ein Zugriff zu einem Satz A, so kann der Zugriff zu einem weiteren Satz B nur geschehen, wenn vorher zu allen zwischen A und B liegenden Sätzen ein Zugriff erfolgte (Zugriff besagt hier nur das Durchlaufen etwa eines Lesemechanismus).

Beim Lochstreifen bedeutet das, daß die Informationssätze nur in der Reihenfolge zu erlangen sind, in der sie sich auf dem Lochstreifen befinden, wobei etwa zwischen zwei Sätzen liegende, nicht benötigte Information übersprungen werden kann.

Das dem sequentiellen Speicher entgegengesetzte Extrem der möglichen Speicherorganisation ist das des sogenannten Random-Access-Speichers oder Speichers mit wahlfreiem Zugriff. Dieser ist dadurch definiert, daß die Zugriffszeit zu einem jeden Speicherplatz unabhängig von der Vorgeschichte der Speicherbenutzung ist. Beim Arbeiten mit wahlfreien Speichern ist es nicht nötig, die Informationssätze in einer bestimmten Reihenfolge in den Speicher zu nehmen.

Es herrscht weitgehend die Ansicht, daß beim sequentiellen Speicher eine Sortierung der Information vor ihrer Verarbeitung erforderlich sei. Generell ist das aber nur dann notwendig, wenn

a) die Daten nicht in der gewünschten Reihenfolge anfallen;
b) bei der Verarbeitung kein hinreichend großer wahlfreier Speicher vorliegt (z.B. Kernspeicher einer elektronischen Rechenanlage), in dem alle Sortierbegriffe untergebracht werden können.

Das Sortieren von Information auf Lochstreifen ist nur dann möglich, wenn man dabei jeweils einen oder mehrere neue Lochstreifen erzeugt. Der hierbei entstehende Aufwand ist erheblich, da der mechanische Vorgang des Stanzens von Lochstreifen zu den langsameren Operationen der Datenverarbeitung gehört. Im Gegensatz zum Magnetbandsortieren muß beim Lochstreifensortieren nach jedem Durchlauf ein manueller Eingriff erfolgen, nämlich das Einlegen der gestanzten Bänder in die Lochstreifenleser, sofern man das Mischsortieren oder ein ähnliches Verfahren vorsieht. Diese Verfahren sind für Magnetbänder wegen der gleichzeitigen Verwendung von Bandeinheiten als Ein- und Ausgabegeräte am besten geeignet.

Beim Lochstreifen erhöhen sie den Aufwand so sehr, daß eine Sortierung unökonomisch ist. Zudem ist zu bedenken, daß man meist nicht über mehrere Lochstreifenein- und -ausgabegeräte verfügt. Hier lohnt es sich weit eher, das Eingabeband mehrmals durchlaufen zu lassen und dabei stückweise ein sortiertes Band anfallen zu lassen. Dabei wäre nach folgendem Blockschema zu verfahren:

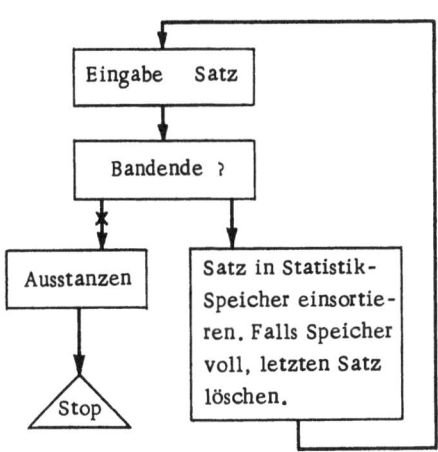

Bild 2
Sortierschema bei Lochstreifeneinsatz

Zur Abschätzung des Aufwandes sei eine Maschine mit etwa 15 000 Operationen/s angenommen, die über 6 000 freie Speicherplätze (nach Abzug des Programmraumes) verfügt, Lochstreifen mit einer Geschwindigkeit von 500 Zeichen/s einliest und 300 Zeichen/s ausstanzt.
Jeder Informationssatz bestehe aus W Worten im Speicher der Maschine, wobei jedes dieser Worte auf dem Lochstreifen Z Zeichen erzeuge.

Vernachlässigt man die Verarbeitungszeit, was bei der genannten Geschwindigkeit der Maschine erlaubt ist, so folgt, daß ein einzelner Durchgang

$$\frac{W \cdot Z}{500} \text{ s}$$

dauert und danach

$$\frac{6\,000}{W} \text{ Sätze}$$

zur Ausgabe in endgültiger Sortierung frei sind.
Das Stanzen dauert dann

$$\frac{6\,000 \cdot Z}{300} \text{ s ;}$$

für $W = 10$, $Z = 5$ und $10\,000$ Sätze folgen dann

$$\frac{10\,000 \cdot W}{6\,000} = 17 \text{ Durchläufe,}$$

deren jeder

$$\frac{10\,000 \cdot W \cdot Z}{500} + \frac{6\,000 \cdot Z}{300} = \text{ca. } 1\,000 \text{ s}$$

dauert; insgesamt also dauert die Sortierung etwa 17 000 s. Diese Zeit kann zwar verkürzt werden, wenn man je Durchlauf die nicht einsortierten Sätze, also den Überlauf des Speichers ausstanzt. Dennoch zeigt unsere Betrachtung, daß selbst bei nicht allzu großen Datenmengen der Zeitaufwand für die Lochstreifensortierung sehr hoch ist. Man sollte daher mit Lochstreifen tunlichst nur Arbeiten ausführen, die das häufige Sortieren der Daten nicht erfordern und bei denen es zudem möglich ist, die Ausgabe genau in der Reihenfolge anfallen zu lassen, in der sie endgültig gewünscht ist.

Vorteile der festen Reihenfolge der Information auf dem Lochstreifen ergeben sich vor allem bei der Programmeingabe und wenn Lochstreifen als Dokumente angesehen werden.

Es wird zwar oft behauptet, daß ein auf Lochkarten vorliegendes Programm wegen der leichten Austauschbarkeit einzelner Karten von Vorteil sei. Das ist nur begrenzt der Fall, da gerade bei einem Programm die zeitliche Veränderlichkeit der Information äußerst wichtig ist und das unbeabsichtigte Weglassen einzelner Teile bei Lochkarten wesentlich leichter geschehen kann als bei Lochstreifen. Zudem ist es bei Lochstreifen möglich, Programmkorrekturen durch Einfügen von Korrekturbändern ebenso leicht auszuführen wie bei Lochkarten.

Bei Informationskarteien ist die Vollständigkeit vielfach dann von besonderer Bedeutung, wenn diese als Dokument gelten, etwa bei Buchhaltungsproblemen. Auch hier ist es sehr wichtig, daß nicht Unbefugte Teile der Kartei herausnehmen oder ändern können. Letzteres ist bei einem Lochstreifen innerhalb einer umfangreichen Datensammlung recht schwierig, da es meist das Auseinanderschneiden des Streifens und das Hereinsetzen eines Zusatzstreifens verlangt, wenn nicht der ganze Streifen umgedoppelt werden soll. Beim Erstellen des Lochstreifens hingegen wird es oftmals notwendig sein, zur Fehlerkorrektur den Streifen völlig umzudoppeln. Das ist jedoch wegen des geringen Preises des Lochstreifens kein besonderer Aufwand. Ein zeitlicher Nachteil gegenüber Lochkarten ergibt sich dabei nicht, da auch im Lochkartenverfahren ein zweimaliger Gang über Locher und Prüfer erforderlich ist. Freilich wird man die Kontrollverfahren der Art des Lochstreifens und der Lochstreifengeräte anpassen müssen. So erscheint es wesentlich zweckmäßiger, eine Sichtkontrolle zwischen dem Lochen und dem Eleminieren der Fehler einzuschalten, anstelle des beim Lochkartenverfahren üblichen Blindverfahrens.

Neben der erwähnten Eigenschaft eines Lochstreifens - daß er nämlich die Daten in der bei seiner Erstellung gegebenen Folge festhält - hat er die Eigenart, nur in einer Richtung gelesen werden zu können. Außerdem kann er im allgemeinen nicht automatisch zurückgespult werden. Eine Information kann daher bei ungestörtem Ablauf einer Arbeit nur einmal über den Streifen in die Rechenanlage gelesen werden, sofern der Streifen nicht als fortlaufende Schleife zusammengeklebt ist. Diese Eigenschaften sind durch die Konstruktion der Lesegeräte bestimmt und gehören nicht wesentlich zur Natur des Lochstreifens.

3. DIE CODESYSTEME DER LOCHSTREIFEN-TECHNIK

Die Information, die hier behandelt wird, besteht im allgemeinen aus Buchstaben, Zeichen und Ziffern. Sie kann freilich auch von anderer Art sein. Es handelt sich jedoch dann um sogenannte ungewöhnliche Anwendungen von Rechenanlagen.

Definition
Unter einem System eines n-Kanal-Lochstreifens mit einer gegebenen Zeichenmenge versteht man eine eindeutige Abbildung der Zeichenmenge in die Menge der 2^n möglichen Lochkombinationen des Systems.
Nicht jeder Code ist sinnvoll, da es z.B. bei einer Zuordnung, die jedem Zeichen die gleiche Lochkombination zuordnet, keine Möglichkeit zur Wiedererkennung der Zeichen mit Hilfe der Lochkombination gibt. Das Prinzip der Wiedererkennung soll im folgenden dazu dienen, zulässige, d.h. sinnvolle Codesysteme zu definieren. Am einfachsten wäre es, eine eineindeutige Abbildung *) zwischen der Menge der Zeichen und den Lochkombinationen zu verlangen. Oftmals ist aber die Anzahl der Zeichen größer als die Zahl der Lochkombinationen. Man gelangt dann mit Hilfe der Methode der sogenannten Vorlochung zu einer eindeutigen Wiedererkennbarkeit der Zeichen, auch wenn die vorgesehene Abbildung nicht eineindeutig ist.

Als einen zulässigen Code wollen wir daher nachfolgend ein Codesystem bezeichnen, welches folgende Eigenschaften hat:
1. Die Menge zerfällt in r Teilmengen, von denen je 2 keine Elemente gemeinsam haben, so daß die zu einer Teilmenge gehörige Abbildung eindeutig ist;
2. in jeder der r Teilmengen gibt es höchstens 1 Element, welches die Eigenschaft hat, daß sein Bild, also die Lochkombination, nur dieses Zeichen als Urbild hat.

Liegt ein zulässiges Codesystem vor, so kann der Vorgang der Wiedererkennung durch eine entsprechende Lochvorschrift angegeben werden. Und zwar legt man fest, daß eine Lochkombination stets als Zeichen derjenigen Teilmenge interpretiert

----
*) D.h. eine Zuordnung, bei der sich wechselseitig je genau 2 Elemente der beiden Mengen entsprechen.

wird, deren ausgezeichnetes Element als letztes der ausgezeichneten Elemente vor der Lochkombination auftrat. Man sieht hieraus, daß der Lochstreifen in einer ganz bestimmten Richtung interpretiert werden muß. Beispiel: Beim 5-Kanal-System unterscheidet man zwischen Buchstaben und Zeichen, indem man für die Eigenschaft "Buchstaben" die Lochkombination 31 (alle 5 Lochungen) und für "Zeichen" bzw. "Ziffern" die Lochkombination 27 als Kennkombination festsetzt. Eine Lochkombination wird als Buchstabe interpretiert, wenn vor dieser Lochkombination als letzte Kennlochung die Buchstabenlochung kam, anderenfalls als Zeichen. Hieraus folgt, daß Codesysteme, bei denen mehr als ein Zeichen zur Erkennung eines Symbols vorgeschaltet werden muß, hier nicht zugelassen sein sollen. Derartige Codesysteme gibt es, so z.B. das von Underwood. Sie sind jedoch praktisch nicht von Bedeutung. Interessant für die Beurteilung der notwendigen Kanalanzahl ist jedoch die Anzahl der möglichen Zeichen, die bei einem Vorschaltzeichen je Gruppe und beliebiger Anzahl Gruppen dargestellt werden kann. Hat man n mögliche Lochkombinationen und sind m Gruppen vorgesehen, so haben diese maximal je n-m Elemente. Die Anzahl der so darzustellenden Elemente ist dann $m \cdot (n-m)$. Hieraus folgt, daß das Maximum der darzustellenden Elemente bei $\frac{m}{2}$ Gruppen liegt. Hieraus folgt wiederum, daß beim 5-Kanal-Code z.B. maximal 256 Elemente dargestellt werden können. Zählt man die Vorschaltelemente, in diesem Fall 16, hinzu, so ergibt sich die Zahl von 272 Elementen.

Im allgemeinen wird die oben genannte hohe Zahl von möglichen Symbolen nicht ausgenutzt. Ist dies der Fall, so kann man fragen, wieweit der Code für jedes Symbol zusätzliche Informationen zuläßt, die eine Kontrolle darüber gestatten, ob das abgelochte oder angegebene Zeichen wirklich richtig aufgenommen ist. Um auszudrücken, daß ein Code mehr Informationen enthält, als zur Bestimmung des gewünschten Zeichens unumgänglich notwendig ist, sagt man auch, der Code sei redundant. (Es sei hier auf eine exakte Definition dieses Begriffes verzichtet [*]).

Eine mögliche Redundanz besteht z.B. darin, für die Darstellung von Zahlen einen 5-Kanal-Code zu wählen und das fünfte Bit jeweils nach einer bestimmten Vorschrift hinzuzufügen. Man kann auch soweit gehen, daß man jedes Zeichen doppelt einsetzt, jedoch sollte man überlegen, wieweit eine Redundanz sinnvoll oder nicht sinnvoll ist. Fügt man nämlich einem Zeichen mehr als 1 Bit zusätzlicher Information hinzu, so sollte es in einer Weise geschehen, die eine automatische Korrektur bei Übertragungsfehlern erlaubt. Wie das erfolgen kann, wird bei der Beschreibung der einzelnen Codes näher erläutert.

Die bisher erwähnte Redundanz rührt aus der Vorschrift der Vercodung selbst. Sie kann z.B. auch darin bestehen, daß eine Reihe von Lochkombinationen innerhalb des Codes verboten ist.

Es gibt jedoch eine ganz andere Art von Redundanz, die in der Vorschrift der Ablochung von Informationen besteht. So kann etwa vorgeschrieben sein, daß bei numerischer Information grundsätzlich jede Zahl mit einem Vorzeichen beginnen muß und höchstens einen Dezimalpunkt enthalten darf. Außerdem kann vorgeschrieben werden, daß die Zahlen nicht über einen bestimmten Bereich hinausgehen. Alle diese Vorschriften schaffen eine gewisse Redundanz.

Im folgenden sei eine Reihe von gängigen Codevorschriften beschrieben.

a) Binärer Code [*]

Der für eine normale binäre Rechenanlage natürlichste Code ist der binäre. Ein typisches Beispiel hierfür ist der folgende Lochstreifencode (Bild 3), bei dem die 5 Kanäle die Wertigkeiten 1, 2, 4, 8 und 16 (2^0, 2^1, 2^2, 2^3, 2^4) haben. Dabei liegt die 16 auf der Schmalseite des Streifens. Die Zahlen sind mit ihren binären Werten von 0 bis 9 dargestellt. Dezimalpunkt, Plus und Minus werden durch die binären Werte 10, 11 und 12 gebildet. Die übrigen möglichen Codes dienen Adressenbezeichnungen sowie Sondervorschriften. Z.B. kann der Code 30 für sogenannte Lochstreifendirektiven verwandt werden. Da alle 32 Lochkombinationen mögliche Symbole darstellen, enthält der Code keine direkte Redundanz. Diese muß über die Ablochvorschrift gegeben werden.

b) CCIT

Der älteste 5-Kanal-Code ist der sogenannte internationale Fernschreibcode oder CCIT. Dieser Code unterscheidet zwei Gruppen, und zwar Buchstaben sowie Ziffern und Zeichen [**]. Die beiden Zeichengruppen werden durch die Vorschaltsymbole "Buchstaben" (Wert 31) und "Ziffern" (Wert 27) gekennzeichnet. Neben diesen beiden Zeichen gibt es noch vier weitere Lochkombinationen, die beiden Gruppen gemeinsam sind, nämlich die Funktionssymbole: Wagenrücklauf, Neue Zeile, Zwischenraum sowie die Lochkombination Null ("blanko"). Der Code enthält eine sehr geringe Redundanz, indem im Ziffernbereich 3 Symbole verboten sind. Praktisch ist der CCIT von sehr großer Bedeutung. Er wird in den meisten Fernschreibsystemen und infolgedessen auch in einer Reihe von Datenverarbeitungssystemen verwandt. Im Gegensatz hierzu ist der vorher erwähnte binäre Code nur von spezieller Bedeutung.

c) ZSC (Zahlensicherheitscode)

Infolge der mangelnden Redundanz des CCIT hat man damit gelegentlich Schwierigkeiten bei der Übertragung von Zahlen.

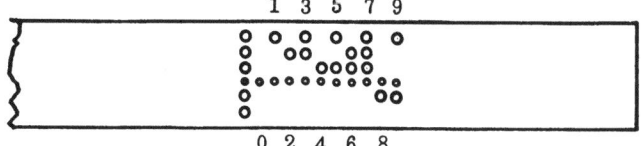

Bild 3
Binärer Lochstreifencode

Der ZSC ist so aufgebaut, daß für die Zahlen von 0 bis 9 jeweils Lochkombinationen vorkommen, in denen genau 3 Löcher vorhanden sind. Er entsteht aus dem CCIT lediglich

---

[*] Zum Begriff der Redundanz vgl.: W. Meyer-Eppler, Grundlagen und Anwendungen der Informationstheorie, Springer-Verlag, Berlin, Göttingen, Heidelberg 1959, S. 60 ff.

[*] Binäre Darstellung von Zahlen = Darstellung unter Verwendung nur zweier unterschiedlicher Symbole.

[**] Zur leichteren Bezeichnung seien die Lochungen der n-Kanal-Lochstreifen im folgenden durch ihre binären Werte angegeben. Vgl. a).

durch die Umsetzung einzelner Symbole, und zwar ist dafür gesorgt, daß bei der Veränderung der Zuordnung einer Lochkombination zu einer Zahl die gleiche Umänderung beim entsprechenden Zeichen in der Buchstabengruppe vorgenommen wird. Die Vorschaltzeichen, die Funktionssymbole sowie die durch die Buchstaben h, n, v, d, s, x, w und k gekennzeichneten Gruppen aus je einem Buchstaben und einem Zeichen sind gegenüber dem CCIT nicht verändert.

Wichtig ist der Zahlensicherheitscode bei automatischen Steuerungssystemen und sonstigen Datenübertragungsproblemen, bei denen es auf absolute Richtigkeit der Informationsübertragung ankommt. Beschränkt man sich auf die ausschließliche Übertragung von Ziffern, so kann ein fehlerhaft übertragenes Zeichen, bei dem nur eine Lochstelle hinzugekommen oder weggefallen ist, erkannt werden. Das gleiche gilt übrigens auch noch, wenn man Funktionszeichen sowie Vorzeichen zuläßt, da diese im ZSC aus jeweils einer Lochung bestehen.

d) ALCOR-Code

In letzter Zeit ist in Deutschland für die automatische Programmsprache "ALGOL" der für 5Kanal geeignete ALGOL-Code nach der ALCOR-Konvention wichtig geworden. Dieser wurde speziell dafür entwickelt, einige mathematische Symbole darstellen zu können.

Nachdem oben verschiedene 5-Kanal-Codes beschrieben wurden, folgt nun für die übrigen Lochstreifensysteme (6-, 7- und 8-Kanal) jeweils ein charakteristisches Codesystem.

e) 6-Kanal-System (LGP-30)

Eines der klassischen Ein- und Ausgabegeräte elektronischer Rechenanlagen ist der Flexowriter der Firma Commercial Controls (heute Friden). Die in Amerika ziemlich verbreitete Kleinrechenanlage LGP-30 benutzt dieses Gerät, das mit einem 6-Kanal-Lochstreifen arbeitet, zur Ein- und Ausgabe. Der Code unterscheidet 2 Gruppen, die nicht durch "Buchstaben" und "Ziffern", sondern durch "Groß-" und "Kleinschreibung" gekennzeichnet sind. Insgesamt sind 10 gemeinsame Zeichen vorhanden, die im wesentlichen Funktionen der Maschine beschreiben. Die Redundanz des Systems ist gering und besteht darin, daß insgesamt 13 Lochkombinationen verboten sind. Beachtet man in diesem Code bei der Zahlendarstellung nur die Kanäle 0 bis 3, so erhält man eine echte binäre Darstellung der einzelnen Ziffern.

f) 7-Kanal-Code (Friden-Flexowriter)

Dieses Codesystem hat nur geringe Bedeutung. Es dient in der Hauptsache zur Darstellung von ALGOL nach allgemeiner Konvention.

g) 8-Kanal-Code (Friden-Flexowriter und IBM)

Diese Codes entsprechen im wesentlichen dem oben erwähnten 6-Kanal-System. Es ist lediglich zwischen Kanal 3 und 4 ein Check-Kanal eingefügt, in dem die Lochung so bestimmt wird, daß die Anzahl der Löcher in der betreffenden Lochreihe jeweils ungerade ist. Der achte Kanal wird ausschließlich für Wagenrücklauf bzw. Satzende verwandt und hat sonst keine Bedeutung. Die Codes haben damit in sich bereits eine erhebliche Redundanz. Das Wegfallen bzw. Hinzukommen eines Loches kann exakt als Fehler festgestellt werden. Die Bedeutung dieser Codes ist erheblich, da sie von einer Reihe weitverbreiteter Rechenanlagen sowie von Datenverarbeitungssystemen mit Buchungsmaschinen, Fakturierautomaten u.ä. verwandt werden.

4. DIE CODE-ERKENNUNG

Werden Zeichen richtig in den jeweiligen Code übertragen und wird dieser Code richtig zum Empfänger transferiert, so bedeutet an sich die Wiedererkennung des Codes keine Schwierigkeiten. Laut Definition des Begriffes (zulässiger) "Code" ist ja eine Umkehrung der Zuordnung zwischen Zeichen und Code eindeutig möglich. Diese Aussage ist aber von wenig praktischem Wert, da die beiden obigen Voraussetzungen oft nicht gegeben sind. Das heißt, es ist eine Reihe von Fehlern möglich.

Diese Fehler lassen sich verschiedenartig klassifizieren. Man kann einmal von Fehlern sprechen, die bei der Übertragung der Zeichen in den Code auftreten, zum anderen von Fehlern, die bei der Übermittlung des Codes auftreten. Eine zweite Möglichkeit der Fehlereinteilung ist die, zu unterscheiden, ob der Fehler von Menschen oder von den betroffenen Geräten selbst verursacht wurde. Menschliche Fehler und solche, die in den Übertragungsgeräten entstehen, unterscheiden sich ganz erheblich.

Typisch menschliche Fehler sind z.B. einfache Fehllochungen, d.h. statt eines bestimmten Zeichens wird ein anderes gelocht, und Vertauschungsfehler, d.h. die Reihenfolge zweier aufeinanderfolgender Zeichen wird umgedreht. Häufig wird auch Information hinzugesetzt oder weggelassen. Derartige Fehler können natürlich die gesamte Information wertlos machen. Sie sind im allgemeinen nur mittels der in der Lochvorschrift liegenden Redundanz zu erkennen. (Vgl. "Kontrolle der Informationen".)

Anderer Art sind die durch die maschinelle Übertragung und Codeerkennung entstehenden Fehlermöglichkeiten. Hierbei sind zwar grundsätzlich auch die oben beschriebenen Fehler möglich; dies ist jedoch sehr unwahrscheinlich. Wird von einer Locherin ein Zeichen falsch gelocht, so ist die Folge hiervon im allgemeinen eine Lochkombination, die sich von der gewünschten nicht nur durch Weglassen oder Hinzusetzen eines einzelnen Loches unterscheidet. Gerade dies Weglassen bzw. Hinzusetzen ist aber ein typischer Fehler der Loch- und Lesegeräte sowie der Übertragungsstrecken.

Andere Fehler, die z.B. durch das Aufeinanderlochen mehrerer Zeichen entstehen oder bei denen Zeichen in zu kurzem Abstand hintereinander gelocht werden, sowie Fehler, die durch einen schadhaften Transportmechanismus der Lesegeräte entstehen, sind durchaus möglich. Sie führen jedoch rasch zu Situationen, die als Fehler erkennbar sind. Außerdem rühren sie meist von stärkeren technischen Störungen, wie etwa Bruch einzelner Teile usw. her und bedingen im allgemeinen einen völligen Ausfall der Geräte. Alle zuletzt genannten Fehlertypen kontrolliert man am besten mittels Redundanz der Eingabe (vgl. wiederum "Kontrolle der Informationen").

Hier wollen wir uns näher mit den charakteristischen technischen Fehlern, und zwar dem Hinzusetzen bzw. Wegfallen einzelner Lochpositionen, befassen.

Betrachten wir zunächst das Entdecken eines Fehlers, so werden wir feststellen, daß man einen solchen nicht absolut, son-

dern vielmehr als ein mit einer gewissen Wahrscheinlichkeit eintretendes Ereignis definieren muß.
Um dies zu erläutern, denke man sich ein fotoelektrisches Lochstreifenlesegerät. Trägt man die in den Fotozellen auftretenden Spannungen über einer Zeitachse auf (s. Bild 4), so ergibt sich zunächst ein dauernd bestehender Störpegel, der auch als

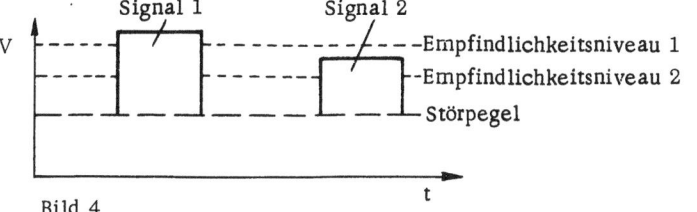

Bild 4
Fehlerentdeckung als Wahrscheinlichkeit

Brumm bezeichnet wird. Die Signale heben sich um einen gewissen Betrag hierüber hinaus. Man kann nun die Fotozellen durch entsprechende Regelung so einstellen, daß sie bei Überschreiten eines bestimmten Niveaus ein Signal geben, was dann als Loch in einer bestimmten Lochposition gedeutet wird. Die Amplitude eines Signals ist keineswegs immer gleich. Sie hängt von Schwankungen der Lampenspannungen ab sowie davon, ob das Loch über der meist vorhandenen Lochmatrize, die zur genauen Schaltung der Fotozellen notwendig ist, genau positioniert wird (s. Bild 5). Ist das nicht der Fall, so wird nur ein Teil der Lochfläche ausgenutzt. Die hindurchgehende Lichtmenge ist also etwas geringer, und dadurch sinkt die Signalspannung. Aus diesem Grunde kann z.B. eine richtige Lochkombination auch als Fehler gedeutet werden, je nach Einstellung der entsprechenden Fotozellen.

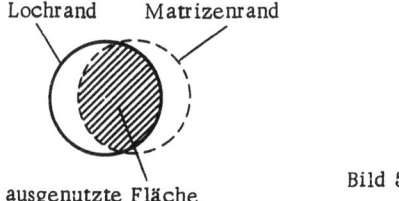

Bild 5

In dem erläuterten Sinn ist die Fehlererkennung ein rein physikalisches Problem. Trotzdem wird man selbstverständlich davon sprechen, daß eine bestimmte Lochkombination im Lochstreifen in absolutem Sinne eine Fehllochung ist oder nicht. Hinsichtlich der Erkennung kann jedoch nur von einer gewissen Wahrscheinlichkeit gesprochen werden, einen bestimmten Fehler bzw. überhaupt Fehler zu erkennen; wie gesagt, es ist durchaus möglich, daß richtige Lochungen als Fehler deklariert werden. Man erhält daher zwei Maßzahlen für die Genauigkeit der Fehlererkennung: Nämlich die Wahrscheinlichkeit, in einem bestimmten Informationsstück alle Fehler zu erkennen, und die Wahrscheinlichkeit dafür, die übrigen Lochkombinationen als Fehler zu deklarieren. Stellt man diese beiden Wahrscheinlichkeiten in einem Diagramm einander gegenüber (s. Bild 6), so erhält man für ein bestimmtes Verhältnis von Fehlern und richtigen Lochungen sowie für eine bestimmte Empfindlichkeit des Lesegerätes einen Punkt. Verändert man die Empfindlichkeit von 0 bis Unendlich, so erhält man eine Kurve, die das Fehlerdiagramm des Lochstreifeneingabegerätes genannt werde. Aus qualitativen Überlegungen erkennt man sofort, daß diese Kurve im Nullpunkt des Koordinatensystems beginnt und im Punkt mit den Koordinaten 1,1 endet. Das heißt also, daß bei entsprechend hoher Empfindlichkeit auch alle richtigen Lochkombinationen als Fehler erkannt werden. Drückt man die Empfindlichkeit herunter, so hat man immer auch noch eine gewisse Wahrscheinlichkeit dafür, daß ein Fehler nicht erkannt wird. Ein Maß für die Güte eines Leseverfahrens ist dann das Integral von 0 bis 1 dieses Fehlerdiagramms. Ein ideales Einleseverfahren hätte für dieses Integral den Wert 1, jedoch liegt der Wert bei den tatsächlichen Verfahren stets darunter.

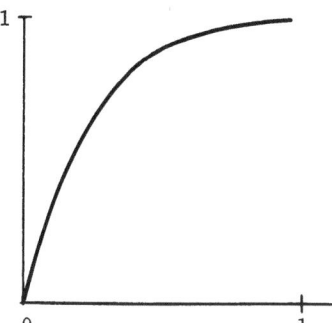

Bild 6
Fehlerdiagramm eines Lochstreifenlesegerätes

Diese Betrachtungen gelten im übrigen nicht nur für Lochstreifengeräte, sondern grundsätzlich für sämtliche Eingabegeräte von elektronischen Rechenanlagen.
Die Erkennung eines Fehlers ist, wie man leicht einsieht, nicht immer unbedingt notwendig. Z.B. ist es beim Ausschreiben auf Fernschreibern nicht unbedingt erforderlich, daß die Abstände zwischen zwei aufeinanderfolgenden Lochkombinationen genau eingehalten werden. Hingegen ist ein fehlendes Führungsloch bei einem fotoelektrischen Lochstreifengerät meist ein Fehler, der unbedingt erkannt werden muß, da die zugehörige Lochkombination andernfalls übersprungen wird. Beim Ausschreiben auf Fernschreibern ist dies jedoch nicht der Fall. Hier würde durch das Führungsrad des Fernschreibers eine derartige Lochkombination doch noch erfaßt werden.
Man muß daher die Fehler nach der Notwendigkeit, erkannt zu werden, unterscheiden. Selbstverständlich sollte man in einem Lochstreifensystem, wie überhaupt, nur diejenigen Fehler zu erkennen suchen, die wirklich notwendig erkannt werden müssen. Welche das sind, hängt von der jeweiligen Arbeit ab. So müssen z.B. bei Weiterverwendung eines Lochstreifens als Eingabemedium für eine elektronische Rechenanlage nur diejenigen Fehler erkannt werden, die in Informationsteilen liegen, welche bei der Weiterverarbeitung benötigt werden. Wird dagegen derselbe Lochstreifen etwa auf einem Fernschreiber ausgeschrieben, wobei andere Informationsteile wichtig sind, so müssen auch hierin Fehler erkannt werden.
Ein besonderes Problem bietet auch die Fehlerelemination. Wie wir bei den Problemen der Programmierung von Lochstreifen sehen werden, ist ein Programmstop bei Erkennung eines Lochfehlers durchaus nicht immer die richtige Reaktion. Es sollte vielmehr Möglichkeiten geben, bei einer Fehllochung deren Art festzustellen und anstelle der falschen Information eine richtige zu setzen. Hierfür ist grundsätzlich eine Reihe von unterschiedlichen Verfahren denkbar. Am weitesten verbreitet erscheint ein Verfahren mit Längs- und Quercheck, das insbesondere seit Aufkommen der Magnetbandtechnik dort weitgehend Verwendung gefunden hat. Dies sei am Beispiel eines 5-Kanal-Lochstreifens beschrieben. Überträgt man in

einen 5-Kanal-Lochstreifen ausschließlich Zahlen, so kommt man bekanntlich mit 4 Kanälen aus. Der fünfte wird dann grundsätzlich so geplant, daß die Anzahl der Lochungen innerhalb einer Lochreihe ungerade ist. Außerdem fügt man jeder Zahl eine zusätzliche Prüfpentade (Prüflochzeile) hinzu, deren Lochung wiederum so bestimmt ist, daß alle Pentaden der Zahl mit der Prüfpentade eine ungerade Lochanzahl je Kanal ergeben. Diese Anordnung gestattet die Elemination eines Fehlers pro Zahl. Tritt ein derartiger Fehler auf, so kann man zunächst aus der Prüflochung im fünften Kanal feststellen, in welcher Pentade diese Fehllochung eingetreten, und aus der Prüfpentade die Nummer des Kanals, in dem sie aufgetreten ist. Hierdurch kann die Lochposition eindeutig bestimmt werden. Ist dann dort eine Lochung vorhanden, so wäre richtig keine Lochung und umgekehrt.

5. PROBLEME DER PROGRAMMIERUNG VON LOCHSTREIFEN

Die Programmierung einer Datenverarbeitungsaufgabe bzw. eines Rechenproblems mit Hilfe von Lochstreifen als Ein- und Ausgabemedien ist wiederum durch die Eigenschaft, daß der Lochstreifen ein sequentieller Speicher mit fester Richtung ist, bestimmt. Wir können dabei im allgemeinen voraussetzen, daß als Verarbeitungsgeräte Rechenanlagen vorliegen, die keine weiteren Großraumspeicher sequentieller oder wahlfreier Art haben. Andernfalls sänke der Lochstreifen zum reinen Eingabemedium herab, und die Arbeitsweise der Rechenanlagen würde nicht von der spezifischen Natur des Lochstreifens bestimmt. In diesem Zusammenhang soll jedoch gezeigt werden, welche Möglichkeiten bei der ausschließlichen Anwendung des Lochstreifens als Datenträger und als Großspeichermittel bestehen und welche Schwierigkeiten dabei auftreten. Dies ist aber nur für die Klasse der kleinen und mittleren Rechenanlagen aktuell.

Da im folgenden im wesentlichen Ein- und Ausgabevorgänge zu betrachten sind, ist die Eigenschaft der Vorrangverarbeitung, die bei Rechenanlagen häufig zu finden ist, von erheblicher Bedeutung. Es wird also untersucht werden, wie man mit Maschinen mit und ohne Eingriff zu arbeiten hat.

Die hier behandelten Probleme gehören hauptsächlich zum Problemkreis der Datenverarbeitung. Technische Probleme sind mit Hilfe der Lochstreifentechnik relativ einfach zu lösen, sofern sie nicht umfangreichere Speicherungen erfordern. Demzufolge werden wir uns im folgenden hauptsächlich mit Problemen befassen, bei denen Folgen von Datensätzen, sogenannte Files (Karteien), auftreten.

5.1. Probleme der Eingabe

Die einfachsten Formen der Daten- und Programmeingabe mit Lochstreifen findet man bei Maschinen, die keine Vorrangsteuerung besitzen. Hier ist es im allgemeinen nicht sinnvoll, mit mehreren Ein- oder Ausgabegeräten gleichzeitig zu arbeiten. Manchmal ist das überhaupt nicht möglich.

Zu unterscheiden ist dabei, ob die Eingabe Zeichen für Zeichen geschieht oder ob eine technische Einrichtung besteht, die von sich aus eine bestimmte Form der Eingabe erzwingt und möglicherweise ganze Zeichengruppen zur Eingabe ohne zwischengeschaltete Programmierung vorsieht.

Die erste Form z.B. wird im allgemeinen bei den Zuse-Maschinen Z 22 und Z 23 benutzt, wo Zeichen für Zeichen mit einzelnen Befehlen in die Maschine hineingenommen wird. Es bleibt hier dem Programmierer überlassen, die etwaigen Code-Umwandlungen vorzunehmen oder die Verarbeitung der Zeichen während des Einlesens zu programmieren.

Die Form einer festen technischen Vorschrift für die Eingabe findet sich bei der Maschine LGP-30. Hier wird mit einem Lesebefehl Zeichen für Zeichen in hexadezimaler Form in den Akkumulator der Maschine hineingenommen, wobei bei jedem neuen Zeichen von jeweils 6 Bits die bisher eingelesene Information um jeweils 6 Binärstellen nach links geschoben wird. Dies geschieht solange, bis auf dem Lochstreifen ein sogenannter Stop-Code, d.h. eine spezielle Lochung erscheint.

Bei dieser Form der Eingabe ist eine sehr starre Lochvorschrift vorzusehen. Nach einer hinreichend geringen Anzahl von Zeichen muß jeweils ein Stop-Code vorhanden sein, da sonst die Information aus dem Akkumulator nach links herausgeschoben wird und damit verlorengeht. Die Umwandlungen der Information nach bestimmten Programmen erfordern hier beträchtliche Zeit, worauf man bei der Festlegung des Codes und der sonstigen Eingabevorschriften erhebliche Rücksicht nehmen muß.

Im übrigen gibt es beim Einlesen von Lochkarten in Rechenanlagen ähnliche Situationen.

Wesentlich schwieriger, dafür aber günstiger ist die Situation bei Maschinen mit Vorrangsteuerung. Zunächst ist es auch hier möglich, nur mit einem Eingabegerät zu arbeiten, die Information jeweils in einen bestimmten Speicherbereich einzulesen und anschließend zu verarbeiten. Es ergibt sich dann der in Bild 7 dargestellte Ablauf. Eine erste mögliche Verbesserung ist die Verwendung mehrerer Lochstreifeneingabegeräte. Hat man z.B. zwei Bandleser, so wird man in einfacheren Fällen nach Bild 8 verfahren. Man sieht, daß hierbei die Programmierung schon erheblich komplizierter wird. So muß eine Reihe von Fragen gestellt werden, da das Einlesen nicht ohne weiteres in jedem Fall geschehen darf und da außerdem mehrere Einleseprogramme in kurzzeitiger Zeitsplittung nebeneinander laufen können.

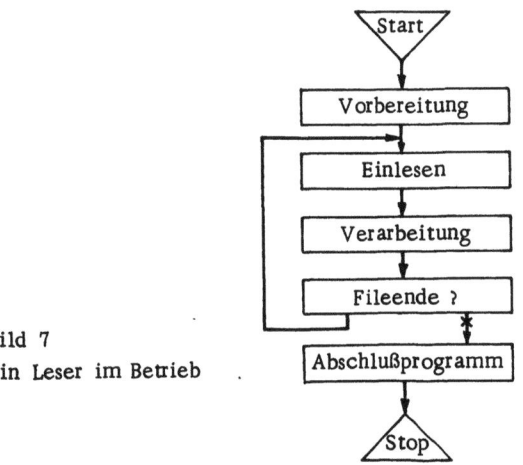

Bild 7
Ein Leser im Betrieb

Bild 8 darf nicht zu der Ansicht verleiten, daß die einzelnen Blöcke in starrer Reihenfolge aufeinander folgen. Vielmehr ist es im allgemeinen so, daß nach einer Vorbereitung des Einleseprogramms, die etwa in der Festlegung des Einleseraumes oder ähnlichem besteht, zunächst der erste Lesebefehl

- etwa für ein Zeichen - gegeben wird und dieses Zeichen dann in die Maschine gelangt, wo es kurz verarbeitet wird. Vor Aufruf eines weiteren Lesebefehls wird dann gefragt, ob ein derartiger Befehl sofort gegeben werden kann oder ob Wartezeit entsteht. Im letzteren Fall springt man aus der Leseroutine heraus und verfolgt das reine Programm nach Bild 8 weiter.

Bei den hier betrachteten Maschinen erfolgt in dem Moment, in dem ein weiterer Lesebefehl gegeben werden kann, ein Eingriffssignal. Bekanntlich führt ein solches Eingriffssignal auf die Maschine dazu, daß der Operationszähler mit einer festen Adresse *) gefüllt wird. Von dieser Adresse startet man ein sogenanntes Eingriffsprogramm. Dieses Programm enthält zunächst eine Reihe allgemeiner Befehle, die in der Rettung

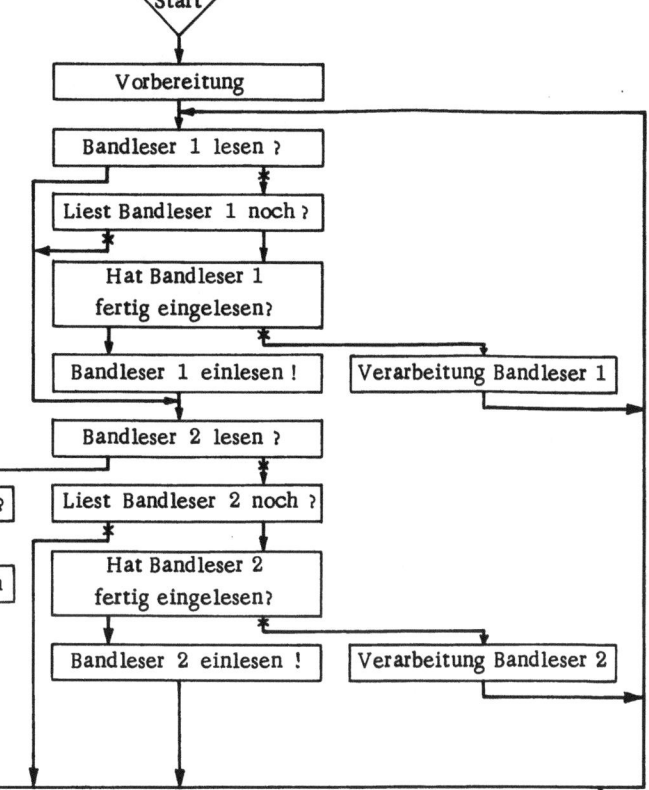

Bild 8
Zwei Leser im Betrieb

von Registerinhalten bestehen, da man ja das gerade laufende Hauptprogramm - in diesem Falle also das Rahmenprogramm - nach Ablauf des Eingriffsprogramms wieder einstarten muß. Man wird dann im Eingriffsprogramm das Einlesen bis zu einem Punkt fortführen, an dem ein weiterer Lesebefehl notwendig wird. Hier wird man wiederum eine Abfrage über die Möglichkeit eines direkten Einlesens einbauen und allenfalls in das Rahmenprogramm zurückspringen, und zwar an diejenige Stelle, an der sich das Rahmenprogramm vor Beginn des Eingriffs befand. Das gleiche geschieht im übrigen nach Beendigung des eigentlichen Einleseprogramms. Es ist hierzu eine Reihe von Maßnahmen erforderlich, die hier nicht im einzelnen beschrieben werden sollen. Für die Benutzung einer derartigen Arbeitsweise ist es nur wichtig, zu wissen, daß im allgemeinen Einleseprogramme als Routinen mit einem speziellen Anfangsteil abgerufen werden müssen und daß außerdem vor jedem Einlesebefehl eine spezielle Abfrageroutine zu durchlaufen ist. Das Einleseprogramm endet im allgemeinen wiederum mit einem speziell vorgesehenen Abschlußteil.

Wenn man das Schema aus Bild 8 weiter verbessern will, kann das in zwei Richtungen geschehen. Einmal kann man für jedes eingeschaltete Eingabegerät zwei Speicherräume vorsehen, in die wechselweise eingelesen wird. Sodann ist es möglich, mit einem zyklischen Magazin zu arbeiten. Besonders die zuletzt genannte Arbeitsweise dürfte sich bei schnelleren Maschinen bewähren. Man sieht dabei eine bestimmte Speicherstrecke als sogenanntes Magazin vor. Die Verwaltung dieser Speicherstrecke wird so programmiert, daß der Eindruck eines zyklischen Speichers entsteht, der zyklisch über die Eingabegeräte gefüllt wird und aus dem ebenfalls zyklisch Information entnommen werden kann, sofern sie fertig eingelesen ist.

---
*) Adresse: Hausnummer einer Speicherzelle.

Aufgrund dieser Arbeitsweise ergeben sich einige Hauptarbeitspunkte innerhalb des Magazins, und zwar die, die diejenigen Strecken im Magazin bestimmen, in denen fertig eingelesene Information vorhanden ist; in die die Information eingelesen wird bzw. die frei sind; und in denen die Information sich gerade zur Verarbeitung befindet.

Das Verarbeitungsschema ist hier relativ einfach, da das Nachstarten der Eingabegeräte automatisch über Serviceprogramme geschieht. Die Information wird im eigentlichen Hauptprogramm über den Anruf eines Unterprogramms angefordert, das zwei Ausgänge hat, je nachdem, ob Information vorhanden ist oder nicht. In letzterem Falle kann man dann, bei mehreren Eingabegeräten, auf ein anderes Gerät übergehen und von dort Information anfordern. Ist Information vorhanden, so kann sie verarbeitet werden.

Nach einer jeden Verarbeitung muß der entsprechende Speicherraum im Magazin freigegeben werden, damit er für weitere Eingaben vorgesehen werden kann. Das Rahmenprogramm kann hier gemäß dem Schema in Bild 9 ablaufen,

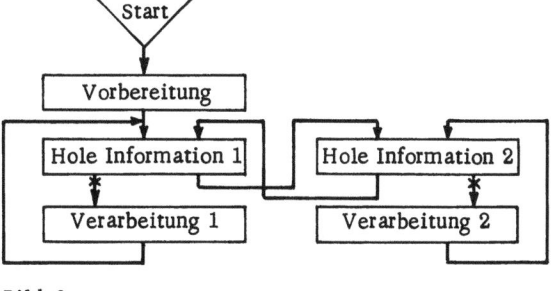

Bild 9
Blockschema bei zyklischem Magazin

wobei darin gewisse Vereinfachungen vorgenommen sind, (z.B. ist die Abfrage nach File-Ende weggelassen worden). Man erkennt aus Bild 9, daß bei Verwendung mehrerer Geräte und hinreichend langsamer Verarbeitung das Programm dauernd im Teilzyklus der Verarbeitung von Eingabegerät 1 her arbeitet, und zwar so lange, bis eine Information von dort hereingeholt ist. Dann erst geschieht Entsprechendes bei Eingabegerät 2. Dies ist nur dann möglich, wenn die beiden Eingabegeräte Information hereinholen, die im wesentlichen gleichberechtigt ist.

Die hier auftretende allgemeine Frage der Priorität beim Arbeiten mit mehreren Ein- und Ausgabegeräten ist grundsätzlicher Natur und heute noch nicht endgültig gelöst. Hier sei darauf nicht näher eingegangen.

5.2. Kontrolle der Informationen

Die in einer Rechenanlage eingegebene Information kann im wesentlichen zwei Arten von Fehlern enthalten: Einmal Fehler, die durch Versagen des Eingabegerätes entstehen, sodann Fehler, die tatsächlich im Lochstreifen vorhanden sind. Letztere nennen wir Eingabefehler, erstere Lesefehler. Wie bei jedem Datenverarbeitungssystem, so ist auch bei der Datenverarbeitung mit Lochstreifen ganz besonders darauf zu achten, daß keine wesentlichen Fehler in das System hineinkommen. Hierzu ist eine Reihe von programmierungstechnischen Maßnahmen nötig.

Im allgemeinen besteht die hier betrachtete Information aus einzelnen Datensätzen. Ein jeder derartige Satz verfügt gewöhnlich über eine Kennzahl erster Art, eine Satzart, die angibt, in welcher Form der Satz aufgebaut ist, wie lang er ist, welche Datenfelder er enthält usw. Ferner treten meistens Kennzahlen zweiter Art, sogenannte Schlüssel- oder Kennbegriffe auf. Die letzte Datenart, die ein Satz enthalten kann, sind die eigentlichen Datenfelder. Diese können wiederum alphabetische, numerische oder gemischte Information enthalten.

Alle drei Datenarten können auf verschiedene Weise geprüft werden.

Eine Satzart prüft man im allgemeinen dadurch, daß eine feste Tabelle von möglichen Satzarten vorgegeben und geprüft wird, ob die eingelesene Satzart zugelassen ist.

Die Sicherung von Schlüsselbegriffen kann - wie schon an vielen Stellen in der Literatur beschrieben - im wesentlichen auch nur durch eine Zulässigkeitsprüfung geschehen. So kann einem Schlüsselbegriff eine zusätzliche Ziffer hinzugefügt werden, die sich aus den übrigen nach einer bestimmten Vorschrift, etwa einer gewichteten Quersumme, ergibt.

Am schwierigsten ist die Prüfung auf Richtigkeit im allgemeinen bei den Datenfeldern, vor allem bei alphabetischer Information. Bei numerischer Information kann man beim Lochstreifen in der Regel auf Größenordnung prüfen bzw. darauf, ob auch wirklich ausschließlich Zahlen in der Information vorkommen, vielleicht mit Ausnahme von einigen zugelassenen Zeichen wie Punkt, Strich, Vorzeichen usw. Die Lochvorschrift bei Lochstreifen sieht im allgemeinen vor, daß nicht signifikante Nullen *) links nicht abgelocht werden, daß dafür aber eine jede Zahl ein Vor- oder ein Endzeichen erhält. Man kann dann nach vorgegebener Satzart festlegen, wie lang ein Datenfeld sein darf. Neben diesen Prüfungen der einzelnen Informationsarten ist eine Prüfung auf den Gesamtbau des Satzes möglich, indem man untersucht, ob bei einer bestimmten eingelesenen Satzart wirklich alle zu dieser Satzart gehörenden Datenfelder in der richtigen Reihenfolge erscheinen. Geschieht das nicht, fällt also ein Datenfeld aus oder kommt ein Datenfeld zusätzlich bzw. haben die Datenfelder nicht die richtige Länge, so kann man das als Fehler deuten.

Man sieht hieraus, daß gewisse Voraussetzungen zu erfüllen sind, die die Redundanz der Information auf dem Lochstreifen erhöhen, und zwar nicht die Redundanz des einzelnen Zeichens, sondern des gesamten Satzes. Das erreicht man durch bestimmte Lochvorschriften.

So ist eine wesentliche Voraussetzung, daß jeder Informationssatz einer eindeutigen Satzart zugeordnet wird und daß diese Satzart durch ein Kennzeichen am Anfang, in manchen Fällen auch am Ende, des Satzes bestimmt wird. Eindeutige Satzart besagt dabei, daß je zwei Sätze, die zu dieser Satzart gehören, die gleiche Anzahl von Datenfeldern enthalten müssen; diese müssen wiederum jeweils von gleicher Informationsart und im allgemeinen auch von gleicher Länge oder aber von je einer Länge, die jeweils innerhalb bestimmter Grenzen schwanken darf, sein. Mit Hilfe der oben genannten Kontrollen, die bei der Programmierung einen der schwierigsten Teile darstellen, ist, wie die Erfahrung zeigt, der größte Teil der Formfehler in der Eingabeinformation zu beseitigen. Nicht beseitigt werden können quantitative Fehler, die sich im Rahmen der zugelassenen Größenordnung numerischer Datenfelder bewegen. Diese Fehler werden in vielen Datenverarbeitungssystemen überhaupt nicht erkannt. Sie können, etwa bei Auswertungen, durch Kontrollen mit Hilfe älterer Zahlen auf ein erträgliches Maß reduziert werden. So kann man bei einer Kostenrechnung vorschreiben, daß ein Fehler angezeigt wird, wenn eine bestimmte Kostenart auf einer bestimmten Kostenstelle bestimmte Werte über- oder unterschreitet. Eine strengere Kontrolle ist hier jedoch grundsätzlich nicht möglich. Es fragt sich auch, wieweit eine solche innerhalb der Systeme kaufmännischer Datenverarbeitung erforderlich ist.

Für die Programmierung ist ein weiterer Grundsatz besonders zu beachten. So soll man möglichst einen Fehler nur dann entdecken, wenn er auch mit sinnvollem Aufwand beseitigt werden kann. Solche Fehler, die die gesamte Arbeit sinnlos machen, sollten allerdings zu einem absoluten Stop der Verarbeitung führen. Es ist jedoch oftmals besser, kleinere Fehler nicht zu erkennen, als sie innerhalb des Programms auf einen echten Stopbefehl, den wir im folgenden einen statischen Stop nennen wollen, laufen zu lassen. Ein derartiger Stop führt nämlich zu einem manuellen Eingriff in den Programmablauf. Oftmals kann sogar, bei nicht sehr geschickter Programmierung, eine Reihe von Tätigkeiten des Programmierers oder ein völliges Neuanfahren der Arbeit die Folge der Fehlerentdeckung sein. Handelt es sich dann nur um einen Lesefehler, so ist der Aufwand für die Beseitigung des Fehlers viel zu hoch. Die Beseitigung von Lesefehlern kann nämlich durch einfaches Zurücklegen des Lochstreifens und wiederholtes Lesen der Information sehr leicht erfolgen. Ist die Information so geartet, daß eine Reihe von möglichen Fehlern zum Abbruch der Arbeit führt und zunächst eine Korrektur der Eingabewerte verlangt, so sollte man nicht sofort

---

*) Eine Stelle in einer Zahl ist "signifikant", wenn links von ihr noch Ziffern $\neq 0$ stehen.

mit der eigentlichen Verarbeitung beginnen, sondern einen
Prüfgang vorschalten. Erfahrungsgemäß ist der Aufwand für
einen derartigen Prüfgang wesentlich geringer als der für das
Abbrechen der Arbeit nach Entdeckung eines Fehlers, da
dann bei Auffinden weiterer Fehler eine Reihe von Arbeits-
gängen erforderlich wird, deren jeder an einem etwas späteren
Punkt der Informationseingabe abgebrochen werden muß.

Besonders bei Eingabe über mehrere Geräte sollte man statt
des oben erwähnten statischen Stops sogenannte dynamische
Stops benutzen, bei denen die Maschine in Arbeit bleibt, d.h.
der eigentliche Befehlsablauf nicht absolut gesperrt wird.
Solche Stops sind z.B. Sprungbefehle auf die Adresse des
Sprungbefehls selbst. Dadurch ist es möglich, daß die Ein-
griffsprogramme etwa noch laufender Eingabegeräte den dy-
namischen Stop unterbrechen und Einleseprogramme weiter-
laufen können. Im Extremfall kann hierbei sogar die gesamte
Dateneingabe und -verarbeitung über die üblichen Eingabegeräte weitergehen, während der Fehler, der bei der Informationseingabe über ein bestimmtes Gerät entstanden ist, manuell
beseitigt wird. Der hierbei entstehende Zeitausfall ist meist
sehr gering.

Die erwähnten Kontrollprinzipien erscheinen plausibel und
vielleicht sogar trivial. Die Erfahrung hat jedoch gezeigt, daß
gerade die einfachsten von ihnen am wenigsten beachtet
werden.

5.3. Probleme der Verarbeitung

Die bei der Verarbeitung mit Hilfe von Lochstreifen entstehenden Probleme sind im wesentlichen auch durch die sequentiel-
le Anordnung der Information auf dem Lochstreifen bestimmt
sowie dadurch, daß bei den hier betrachteten Fällen der Arbeitsspeicher der Maschinen im allgemeinen als relativ klein
angenommen werden kann. Unter "relativ klein" sei hier
eine Speichergröße von unterhalb 10 000 Worten verstanden.
In einem derartigen Speicher wird für Programm ein nicht
unerheblicher Raum benötigt, so daß für die Datenspeicherung
ein Raum von 6 000 bis höchstens 8 000 Plätzen übrig bleibt.
Wie schon erwähnt, lassen sich diese Probleme durch den Anschluß von Sekundärspeichern lösen. Es kommt hier jedoch
darauf an, zu zeigen, wie man trotz der genannten Begren-
zungen Arbeiten ausführen kann.

Arbeiten mit erheblichem Datenraum sind im kaufmännischen
Bereich meist Statistiken nach irgendwelchen Schlüsselbegriffen, im technischen Bereich die Bearbeitung großer Matrizen-
felder, wie sie z.B. bei der Lösung von umfangreichen Diffe-
rentialgleichungssystemen vorkommen. Dabei wird oft der
Fall eintreten, daß der vorhandene Datenraum nicht ausreicht.

Bei kaufmännischen Statistiken gibt es grundsätzlich zwei
unterschiedliche Formen, und zwar die sogenannten kompakten und die nichtkompakten Statistiken. Unter einer kompakten Statistik sei eine Verteilung von Zahlen nach einem
Begriff verstanden, der eine feste, bekannte Anzahl verschiedener Möglichkeiten aufweist, die alle in jeder vorkommenden Verarbeitung mindestens einmal auftreten. Hierbei muß
für jeden möglichen Verteilungsbegriff wenigstens ein Speicherplatz für die Statistik vorgesehen werden. Bei nichtkompakten Statistiken dagegen handelt es sich um Statistiken
nach größeren Schlüsselbegriffen (die in der Praxis zwischen
5 und 20 Dezimalen haben können), bei denen aber tatsächlich nur eine zur Anzahl der möglichen Schlüsselbegriffe
relativ geringe Anzahl von Fällen vorkommt. In diesem Fall
wird man nicht für alle möglichen Schlüsselbegriffe einen
Speicherplatz vorsehen, sondern vielmehr nur für diejenigen,
die wirklich auftreten. Dabei ist es dann aber notwendig, den
jeweils zu einem Statistiksatz gehörigen Schlüsselbegriff mit-
zuspeichern, wodurch ein zusätzlicher Bedarf an Speicherplatz
entsteht. Reicht der Datenraum bei kompakten Statistiken
nicht völlig aus, so kann man nur so viele dieser Statistiken
in einem einzelnen Durchlauf erledigen, wie im Datenraum
Platz haben. Hieraus ergibt sich von vornherein eine feste
Planung der Arbeit. Bei nichtkompakten Statistiken sind die
Verhältnisse komplizierter, da man nicht genau weiß, ob
man mit dem vorhandenen Datenraum auskommt oder nicht.
Auch hier wird man eine gegebene Arbeit in mehrere Durchläufe aufteilen müssen. Es gibt jedoch gewisse Strategien,
mit deren Hilfe man die jeweils vorhandenen Durchläufe ver-
kürzen kann. Eine dieser Möglichkeiten ist die folgende:
Man baut in dem gegebenen Datenraum eine nichtkompakte
Statistik so lange auf, wie der Speicher reicht, wobei man
die Daten in der Form: Schlüsselbegriff, Datenfelder nacheinander in einer gegebenen Reihenfolge im Speicher unter-
bringt.

Während dieses Aufbaus ordnet man neu auftretende Datenfelder jeweils in die Statistik ein. Tritt dabei kein Überlauf
des Datenfeldes ein, so ist die Arbeit erledigt. Zeigt sich
jedoch während der Arbeit, daß, etwa durch Zwischenschie-
ben eines neuen Datenfeldes, am Ende des Datenraumes Information herausfällt, so wird man diese mit einem entsprechenden Lochstreifengerät ausstanzen. Von diesem
Zeitpunkt ab wird jede Einzelinformation mit einer Schlüsselzahl, die größer ist als die letzte noch im Datenraum befindliche, sofort auf Lochstreifen ausgegeben. Hierdurch erlangt
man eine erhebliche Reduktion der Datenmenge, vor allem,
da bei Herausdrücken von Information aus dem Datenraum
schon eine gewisse Vorverdichtung erfolgt. Außerdem ist es
vielfach möglich, Information in wesentlich gedrängterer
Form auszugeben, als das bei der Eingabe möglich ist. Z.B.
benötigt man für die Ausgabe eines Wortes einer binär arbeitenden Maschine mit 28 Binärstellen genau 6 Pentaden (im
5-Kanal-System). Einem derartigen Datenwort kann aber
eine Zahl von maximal 8 Dezimalen mit Vorzeichen entsprechen, so daß etwa 9 Eingabepentaden 6 Ausgabepen-
taden entsprechen.

Bei der Lösung technischer Probleme wird man in diesem
Zusammenhang möglicherweise auf erheblich größere Schwierigkeiten stoßen. Es gibt zwar inzwischen eine Reihe von
Verfahren, die es gestatten, Matrizen z.B. bei der Inversion
zu unterteilen. Diese führen jedoch auf ziemlich umständ-
liche Operationen. So erfordert die Inversion einer geteilten
Matrix die Einzelinversion der Teilmatrix sowie eine Reihe
von Matrizenmultiplikationen und -additionen. Ist ein Zah-
lenfeld mit Hilfe einer bestimmten Vorschrift auszugleichen,
so kann man diesen Ausgleich natürlich zunächst in einem
Teilfeld vornehmen und später einen Anschlußausgleich zwischen den einzelnen Zahlenfeldern vornehmen. Hierbei ergibt sich jedoch eine von der Konvergenz des Verfahrens ab-
hängige Anzahl von Maschinendurchläufen, die sehr hoch sein
kann, wie praktisch vorliegende Fälle zeigen.

5.4. Die Ausgabe auf Lochstreifen

Man kann im allgemeinen nicht voraussetzen, daß Rechenzentren, die ausschließlich mit Lochstreifen arbeiten, auch über Schnelldrucker verfügen. Dagegen ist es sehr wohl üblich, daß schnelle Stanzgeräte vorhanden sind. Man wird daher, besonders bei umfangreicher Information, deren Übersetzung in Klartext getrennt von der Rechenanlage vornehmen (off-line), etwa über spezielle Fernschreiber o.ä. Ein anderes Problem der Ausgabe ist schon erwähnt worden, nämlich, daß sie in der Reihenfolge erfolgen muß, in der man sie nachher endgültig benötigt. Es ist zwar bei seitenweisem Ausschreiben auf einen Fernschreiber möglich, die Information zu trennen und hinterher in richtiger Reihenfolge wieder zusammenzufügen. Dieses Verfahren sollte jedoch wegen der darin liegenden Fehlermöglichkeiten und der wenig gefälligen Form der Ergebnisse möglichst vermieden werden.

Ein Vorteil des Lochstreifens bei der Ausgabe ist wieder, daß Teile aus dem Lochstreifen nur sehr schlecht herausgelöst werden können. Außerdem können besondere Forderungen hinsichtlich der Geheimhaltung von Ergebnissen bei Lochstreifen sehr leicht dadurch erfüllt werden, daß das Anschreiben in Klartext in der datenverarbeitenden Stelle verboten ist und der originale Ergebnisstreifen an die Stelle weitergegeben wird, die die Auswertung wünscht. Es ist heute üblich, die Ausgabe so zu programmieren, daß sie in der Form von Seiten erfolgt, die bestimmten Konventionen entsprechen. Dabei ist es zweckmäßig, die fortlaufenden Seiten zu numerieren sowie jeder Seite eine Kopfleiste beizufügen, die gewisse kennzeichnende Begriffe, etwa die Bezeichnung der ausgeführten Arbeit und den Namen des Ausführenden, enthält.

Abschließend sei noch bemerkt, daß es zweckmäßig ist, die Ausgabe auf Lochstreifen so zu programmieren, daß ein solcher Ausgabestreifen nach den normalen Eingabekonventionen eingelesen werden kann. Man kann das, auch bei zusätzlicher Information (etwa Texten), dadurch erreichen, daß diese in (Text-) Anfangs- bzw. (Text-) Endzeichen (z.B. Klammern) gesetzt werden, die dann bewirken, daß die dazwischen befindliche Information bei der Eingabe automatisch übersprungen wird.

Arbeitsweise und Eigenschaften von Lochstreifen verarbeitenden Ein- und Ausgabegeräten digitaler Rechenanlagen

W. Henning

1. ALLGEMEINES

Die Lochstreifenbreite ist abhängig von der Zahl der Lochstreifenkanäle. Es sind 5-, 6-, 7- und 8-Kanal-Lochstreifen bekannt (Bild 1).

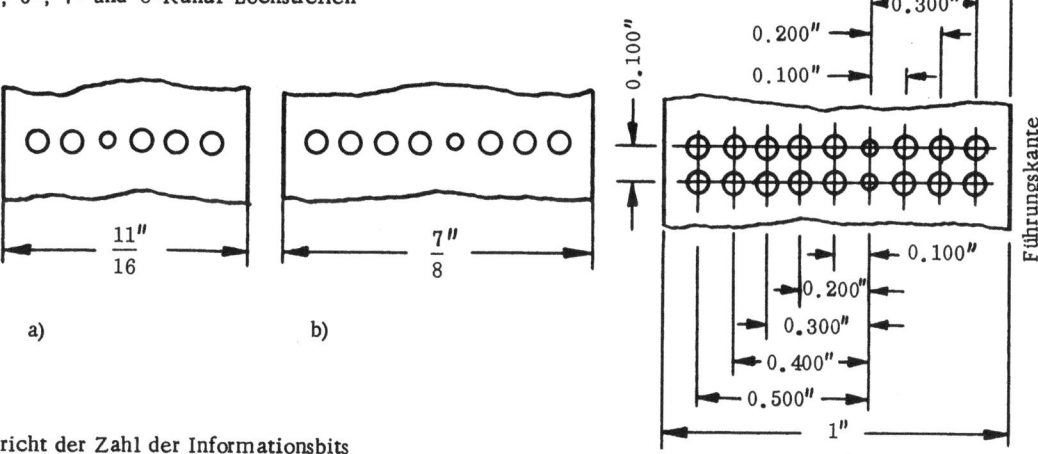

Bild 1
Standard-Lochstreifen-Typen
a) 5-Kanal-Streifen
b) 6- und 7-Kanal Streifen
c) 8-Kanal-Streifen

Die Zahl der Kanäle entspricht der Zahl der Informationsbits je Zeilen quer über die Streifenbreite. Jedes Lochstreifenzeichen weist neben den Informationslöchern ein zusätzliches kleineres Führungsloch auf. Die Führungslöcher ermöglichen den Transport des Lochstreifens durch ein Lochstreifengerät. 6-Kanal-Streifen haben die gleichen Abmessungen wie 7-Kanal-Streifen; sie nützen nur 6 von 7 möglichen Lochpositionen aus. Tabelle 1 enthält die international genormten Lochstreifenabmessungen.

Tabelle 1

5-Kanal-Streifen	11/16	inches
6-Kanal-Streifen	7/8	inches
7-Kanal-Streifen	7/8	inches
8-Kanal-Streifen	1	inch
Streifendicke	3-8	mils
Lochmittenabstand	0.100	inches
Abstand zwischen Führungslochmitte und Streifen-Führungskante	0.394	inches
Durchmesser Informationsloch	0.072	inches
Durchmesser Führungsloch	0.046	inches

Tabelle 2
Diese Tabelle enthält die charakteristischen Merkmale typischer Lochstreifengeräte.

Geräte	Mechanik	Arbeitsgeschwindigkeit Zeichen/s
Stanzer	Motor	20 - 300
mechanische Leser	Motor	20 - 60
fotoelektrische Leser	Motor	150 - 1 000 (2 000)
dielektrische Leser	Motor	500 - 1 000

2. LOCHSTREIFENSTANZER

Kommerzielle Stanzer weisen jeweils maximale Verarbeitungsgeschwindigkeiten von 20 - 300 Zeichen/s auf. Die Mehrzahl der benutzten Stanzer stanzt maximal bis zu 60 Zeichen/s.
Streifenstanzer werden durch einen elektrischen Motor getrieben und führen drei Grundoperationen aus:
1. Stanzen,
2. Streifenvorschub,
3. Synchronisation bzw. zeitliche Ablaufsteuerung.
Häufig sind Streifenstanzer nur auf eine bestimmte Streifenbreite zugeschnitten; andere können ohne große Umstände alle gängigen Lochstreifenbreiten verarbeiten.

Stanzer-Mechanismen

Die drei Grundoperationen werden von den verschiedenen Stanzertypen auf verschiedene Art ausgeführt. Es seien hier einige typische Stanzer-Mechanismen beschrieben.

Bild 2 veranschaulicht in vereinfachter Darstellung die Wirkungsweise eines 20 Zeichen/s-Stanzers. Es ist nur die Ausrüstung dargestellt, die benötigt wird, um 1 Loch zu stanzen. Zu einem bestimmten Zeitpunkt wirkt auf A in Pfeilrichtung eine Kraft ein und drückt den Stanzhebel nach oben. Befindet sich dabei der Sperrhebel in Stellung B, dann drückt der Stanzhebel den Stanzstift durch den Lochstreifen in den Gegenstempel. Befindet sich der Sperrhebel in Stellung C, dann verbleibt der Stanzstift in seiner Stellung, obwohl der Stanzhebel nach oben getrieben wird.

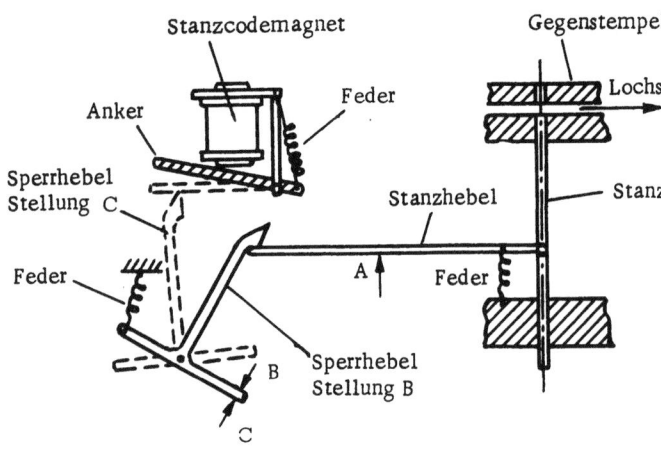

Bild 2

Jeweils kurz vor jedem Stanzvorgang bestimmt der Stanzmagnet, ob der Sperrhebel durch Einwirken einer Kraft B nach Stellung B gebracht wird. Nach jedem Stanzvorgang zwingt Kraft C den Sperrhebel in die Stellung C.
Bild 3 zeigt vereinfacht die Arbeitsweise eines 60 Zeichen/s-Stanzers. Eine vertikale Hin- und Herbewegung wird im Punkt A auf die Kniegelenkstange übertragen. Der Anker des Stanzmagneten bringt das Sperrglied entweder in die Stellung C oder D. Befindet sich das Sperrglied in Stellung C, dann sorgt Feder F dafür, daß die Kniegelenkstange den Stanzstift über Knie und Stanzhebel durch den Lochstreifen in den Gegenstempel drückt. Befindet sich dagegen die Sperrklinke in Stellung D, dann wird bei Abwärtsbewegung der Gelenkstange das Knie durch Hebelwirkung in Richtung B ausgelenkt, und es wird kein Loch in den Streifen gestanzt.

Zwischenglied in die Stellung C. Das gleiche Fallbeil wird für alle Stanzstifte verwendet. Der dargestellte Stanzmechanismus arbeitet ohne Federkräfte, da an Federn bei hochfrequenten Zug- und Druckbewegungen unliebsame Resonanzerscheinungen auftreten.

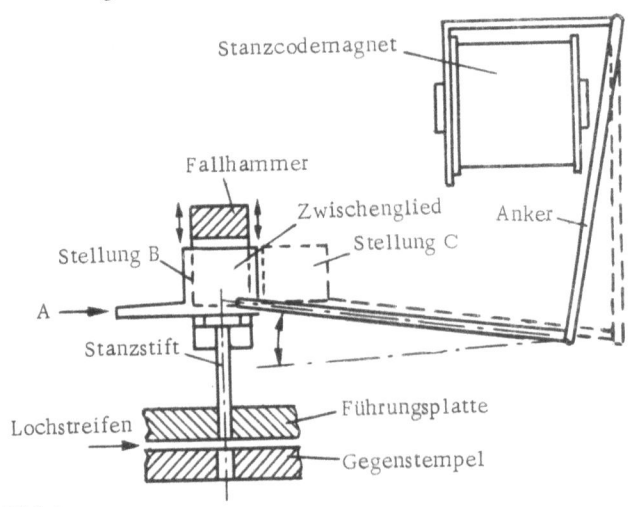

Bild 4

Je schneller ein Stanzer arbeiten soll, desto ausgefeilter muß sein Stanzmechanismus konstruiert werden. Insbesondere müssen die Bewegungshübe und Massen der bewegten Teile möglichst klein gehalten werden.

Streifentransport-Mechanismen

An die Lochstreifen-Mechanismen werden ebenfalls hohe Anforderungen gestellt, da die Zeichenabstände konstant innerhalb festgelegter Toleranzen bleiben müssen.

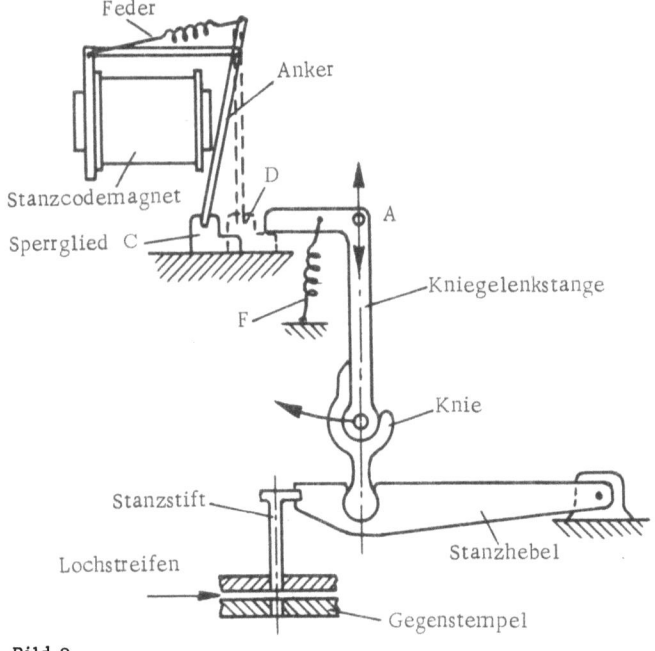

Bild 3

Bild 4 zeigt das Arbeitsprinzip eines schnellen 240 Zeichen/s-Stanzers. Der Fallhammer bewegt sich in vertikaler Richtung hin und her. Befindet sich Zwischenglied in Stellung B, wird der Stanzstift bei Abwärtsbewegung des Fallhammers durch den Lochstreifen gedrückt. Bei Aufwärtsbewegung des Fallhammers wird der Stanzstift aus dem Streifen gezogen. Der Anker des Stanzmagneten drückt Zwischenglied nach Stellung B. Nach erfolgtem Stanzvorgang drückt eine Kraft A

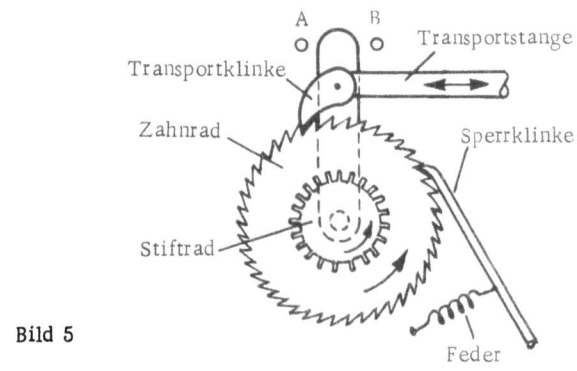

Bild 5

Langsame und mittelschnelle Stanzertypen transportieren den Lochstreifen mit Hilfe einer der in Bild 5 dargestellten ähnlichen Vorrichtung. Die in horizontaler Richtung hin und hergetriebene Transportstange treibt bei Linksbewegungen mit Hilfe der Transportklinke das Zahnrad entgegen dem Uhrzeigersinn. Bei Rechtsbewegung der Transportstange blockiert die Sperrklinke das Zahnrad. Jeder Bewegungshub der Transportstange wird durch die Anschläge A und B begrenzt. Mit dem Zahnrad ist über eine gemeinsame Achse das Stiftrad fest gekoppelt. Die Stifte des Stiftrades greifen in die bereits gelochten Führungslöcher des Lochstreifens. Der Antrieb der Transportstange erfolgt in der Regel über eine Nockenscheibe. Der Lochstreifen hat bei jedem Vorschub beträchtliche Reibungskräfte zu überwinden, die z.T. in dem schmalen Spalt zwischen Stanzstift-Führungsplatte und Gegenstempel, den der Lochstreifen passieren muß, und teilweise an der Leerstreifen-Abspulvorrichtung entstehen. Bei Stanzern mit hohen Verarbeitungsgeschwindigkeiten erweist sich ein Stiftradantrieb für den Streifenvorschub als ungeeignet, da der in Höhe des Führungsloches auf den Streifen einwirkende Flächendruck beim Transport zu groß werden kann. Außerdem wäre ein Stiftradantrieb für hohe Transportgeschwindigkeiten zu träge.

Schnellstanzer transportieren den Streifen mit Transportschlitten, die die Vorschubkräfte durch Reibungskräfte an den Streifen übertragen.

In Bild 6 ist ein solcher Transportmechanismus dargestellt. Es zeigt das Arbeitsprinzip des Lochstreifenstanzers CRRED 3000 (300 Zeichen/s), des schnellsten bis heute bekanntgewordenen Stanzers, der sich bisher in der Praxis bewährt hat.

Operationsfolge

Teilorgan	1	2	3	4	5=1
Gegenstempel C	stanzt	-	stanzt	-	stanzt
Transportschlitten Teil D	steht links	bewegt sich nach rechts	steht rechts	bewegt sich nach links (transport.)	steht links
Transportschlitten Teil E	steht rechts	bewegt sich nach links (transport.)	steht links	bewegt sich nach rechts	steht rechts
Transportschlitten Teil F	öffnet	bleibt offen	schließt	bleibt geschlossen	öffnet
Transportschlitten Teil G	schließt	bleibt geschlossen	öffnet	bleibt offen	schließt
Stanz-Code-Magnet A	-	Code wechselt	-	Code wechselt	

Synchronisation und Ablaufsteuerung

Zwei Arten von Synchronisationen sind zu unterscheiden:
1. Synchronisation der einkommenden, vom Rechner anfallenden Information an den Stanzvorgang;
2. Synchronisation der per Stanzzyklus wiederholt mechanischen Einzeloperationen untereinander.

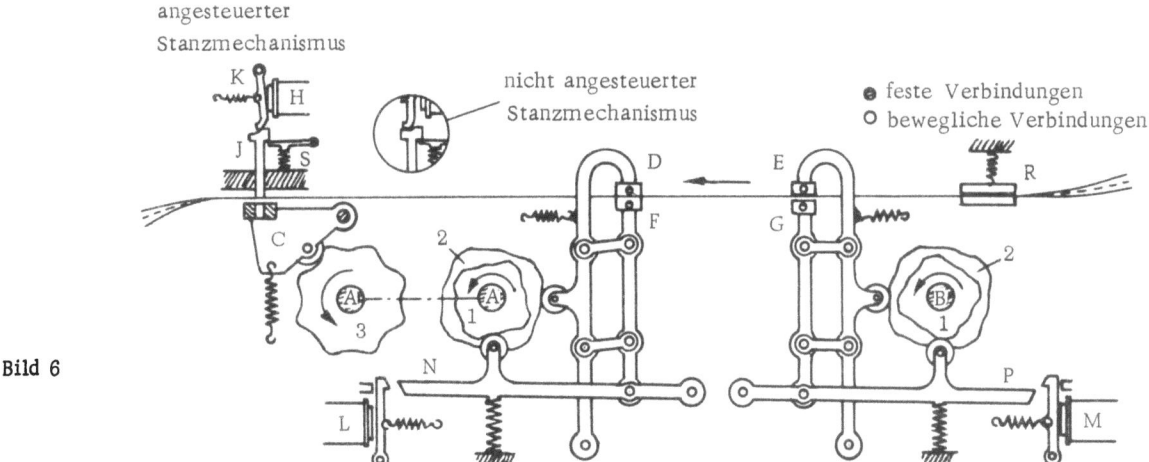

Bild 6

Die motorgetriebenen Nockenscheiben A und B rotieren bei eingeschaltetem Stanzmotor ständig entgegen dem Uhrzeigersinn und steuern Stanzvorgang und Bandtransport. Beim Stanzvorgang werden nicht die Stanzstifte, sondern der Gegenstempel bewegt. Der Lochstreifen wird nur dann wechselweise durch die Transportschlitten D/C und E/G vorschriftsmäßig vorgeschoben, wenn die mit Sperrhaken versehenen Anker der Transportmagnete L und M wechselweise im rechten Augenblick die Hebel N und P freigeben. Die Transportschlitten D/F und E/G öffnen und schließen sich im Gegentakt und bewegen sich gegenläufig. Bremsplatte R bremst den Streifen nach erfolgtem Transport ab und verhindert ein Verschieben des Streifens nach hinten. Die Arbeitsweise ist gut aus folgendem Operationsschema ersichtlich.

Der Stanzer CREED 3000 ist zusätzlich mit einer fotoelektrischen Streifen-Ablesevorrichtung ausgestattet, mit deren Hilfe Stanzfehler sofort entdeckt werden können. Der Abstand zwischen Stanz- und Lesestation beträgt 3 Zeichenabstände.

Zu 1

Zunächst muß sichergestellt werden, daß die Stanzmagnete jeweils zum richtigen Zeitpunkt genügend lange erregt werden.

Allgemein wird bei jedem Stanzer ein aus Bild 7 zu ersehendes Synchronisationssystem angewandt.
Die Antriebswelle erzeugt Taktsignale; beispielsweise schließt eine umlaufende Nockenscheibe elektrische Kontakte. Mit diesen Takten wird der Informationstransport gesteuert. Kurz vor jedem Stanzvorgang erscheint das Signal "nächster Stanzcode"; das Stanzregister übernimmt das nächste zu stanzende Symbol. Nach jedem Stanzvorgang erscheint das Signal "Stanzen beendet" und deutet an, daß die Stanzmagnete, welche durch die verstärkten Ausgänge des Stanzregisters erregt werden, entregt werden können.
Besteht der Pufferspeicher nur aus einem Register, so darf der Transport Rechner→Pufferregister nicht erfolgen, bevor das Stanzregister den Inhalt des Pufferregisters übernommen hat.
Der Transport Pufferspeicher→Stanzregister darf erst erfolgen, nachdem das vorhergehende Symbol gestanzt wurde. Der

Rechner darf die zu stanzenden Informationen also nur in Zeitintervallen an den Stanzer übermitteln, die mindestens so groß sind wie die Dauer eines Stanzzyklus.

Sollen aus organisatorischen Gründen in kürzeren Zeitabständen Informationen an den Stanzer abgegeben werden, muß die Kapazität des Pufferspeichers entsprechend vergrößert werden.

Die in Bild 7 dargestellte Organisation bietet den Vorteil, daß der Stanzer mit seiner maximalen Eigengeschwindigkeit laufen kann, wenn er den Rechner in gegebenen Augenblicken blockieren und veranlassen kann, daß er die nächste zu stanzende Information liefert. In den Zwischenzeiten kann der Rechner ungestört andere Operationen durchführen.

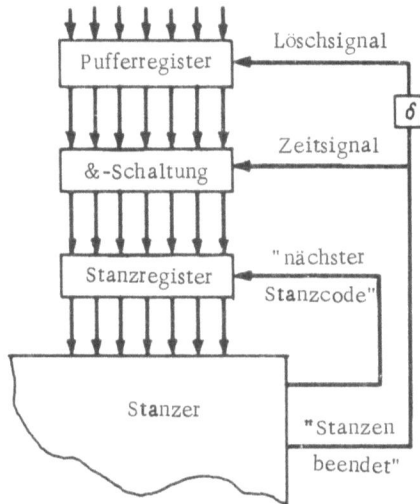

Bild 7
Blockdiagramm Synchronisation des Informationstransports Rechner ⇄ Stanzer

Zu 2

Die bei jedem Stanzzyklus stattfindenden mechanischen Einzeloperationen müssen so aufeinander abgestimmt sein, daß
a) der Lochstreifen nicht eher transportiert wird, bevor die Stanzstifte in ihre Ausgangsposition zurückgewandert sind;
b) auf die Stanzstifte keine Kraft ausgeübt wird, bevor die Stanzmagnete genügend stark erregt sind;
c) der Bandtransport erfolgt ist und insbesondere sich der Streifen in ruhendem Zustand befindet, bevor der Stanzvorgang stattfindet;
d) alle erforderlichen Einzeloperationen in der richtigen Reihenfolge erfolgen, ohne daß unnötige Totzeiten entstehen.

Entwicklungsaussichten

Es erscheint unwahrscheinlich, daß die bisher erreichten maximalen Stanzgeschwindigkeiten noch wesentlich gesteigert werden können, wenn das bisher angewandte Arbeitsprinzip, die einzelnen Symbole einzeln nacheinander zu stanzen, beibehalten wird. Eine wesentliche Erhöhung der Stanzgeschwindigkeit läßt sich nur noch erzielen, indem mehrere Zeichen in einem Arbeitsgang bei gleichzeitiger Verwendung kleinerer Lochzeichen ausgestanzt werden.

3. LOCHSTREIFENLESER

Kommerziell verwendbare Leser lassen sich der Art ihrer Lesetechnik nach in 3 Gruppen einteilen:
1. Mechanische Leser,
2. fotoelektrische Leser,
3. dielektrische Leser.

Leser der Gruppen 2 und 3 sind denen der Gruppe 1 aufgrund ihrer höheren Verarbeitungsgeschwindigkeit überlegen. Außerdem weisen Fotoleser und dielektrische Leser ausgefeiltere Transportmechanismen auf, die es gestatten, die möglichen hohen Lesegeschwindigkeiten auszunutzen.

Lochstreifenleser führen 3 Grundoperationen aus, nämlich:
1. Lesen,
2. Streifentransport,
3. Synchronisation und Ablaufsteuerung.

Die Synchronisation kann nach zwei Prinzipien erfolgen:
a) Der Leser arbeitet mit seiner Eigengeschwindigkeit und zwingt dem Rechner seinen Arbeitsrhythmus auf. Zu diesem Zweck erzeugt der Leser Steuertakte, die dem Rechner zugeteilt werden. Den Startbefehl erhält der Leser vom Rechner. Den Stopbefehl liefert entweder der Rechner oder ein Stopzeichen im Streifen.
b) Der Rechner bestimmt in jedem Falle, wann der Leser ein Zeichen zu lesen hat; der Leser empfängt vor jedem Lesezyklus einen Lesebefehl. Die Befehlsfolge muß natürlich dem Arbeitsrhythmus des Lesers angepaßt werden. Der Leser arbeitet in diesem Falle nach dem Start-Stop-Prinzip, d.h. er liest ein Zeichen, transportiert den Streifen um einen Lochabstand und stoppt.

Mechanische Leser

Die Verarbeitungsgeschwindigkeiten liegen bei 20 bis 60 Zeichen/s; in der Regel liefert ein Motor die Antriebskraft, welche über ein elektrisches Kupplungssystem auf den Streifentransportmechanismus übertragen wird. Gewöhnlich weisen mechanische Leser Stiftradantriebe ähnlich Bild 5 für den Streifentransport auf.

Die Einzeloperationen Abfühlen, Transportieren usw. werden häufiger mechanisch als elektrisch geregelt. Die Synchronisation Leser/Rechner (Anschlußorgan) kann auf zwei Arten erfolgen.

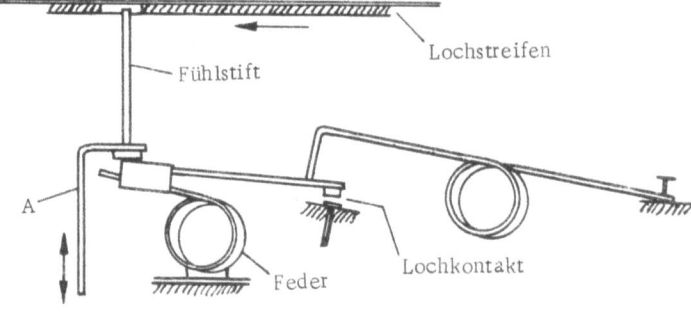

Bild 8

Mechanische Leser registrieren die Streifenzeichen grundsätzlich in der Weise, daß Füllstifte jeden Streifenkanal abtasten. Bild 8 veranschaulicht die Arbeitsweise eines simplen Abfühlmechanismus.

"A" bewegt sich in vertikaler Richtung hin und her. Bei Aufwärtsbewegung entriegelt "A" den Fühlstift; dieser wird durch Federkraft gegen den Streifen gedrückt und durchstößt diesen, wenn dieser ein Loch aufweist. Als Folge wird der Lochkontakt geschlossen. Befindet sich kein Loch im Streifen, blockiert der Streifen die Aufwärtsbewegung des Fühlhebels, und der Lochkontakt bleibt geöffnet.

Es ist deutlich, daß der Streifen in Ruhelage verharren muß, während des Abtastvorganges; der Streifen kann also nicht kontinuierlich transportiert werden.

Fotoelektrische Leser

Die Lesegeschwindigkeiten liegen zwischen 100 und 1 000 Zeichen/s. Es sind noch höhere Geschwindigkeiten möglich; Start-Stop-Betrieb wird jedoch oberhalb etwa 500 Zeichen/s kritisch, weil dann auch ausgefeilteste Streifentransport- und Bremsvorrichtungen zu träge werden. Tabelle 3 enthält die typischen Merkmale fotoelektrischer Leser.

Tabelle 3

Kanalzahl	5, 6, 7, 8
Lesegeschwindigkeit	100 - 1 000 (2 000) Zeichen/s
Start/Stopzeit	innerhalb 2 und 8 ms
Stopweg	lochgenauer Stop in Höhe des Stopzeichens oder des auf Stopzeichen folgenden Symbols

Fotoelektrische Leser weisen 3 Grundbestandteile auf:
a) Lesekopf,
b) Transportmechanismus,
c) (häufig) Auf- und Abspulvorrichtung.

b) und c) sorgen für einwandfreien Streifentransport und sind häufig ähnlich konstruiert wie bei Magnetbandgeräten verwendete Transportvorrichtungen.

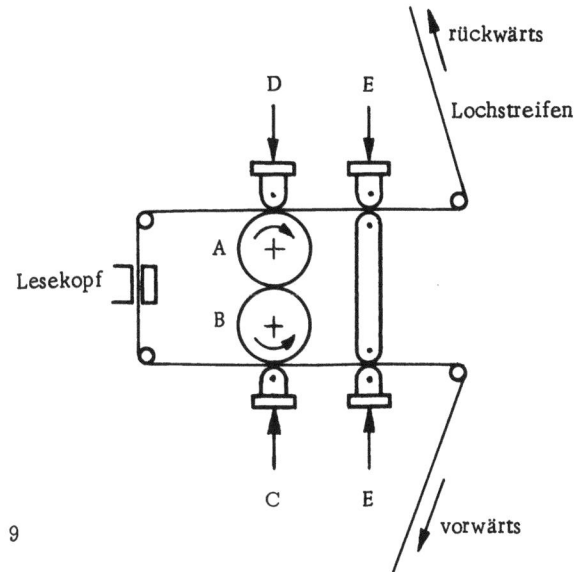

Bild 9

Bild 9 zeigt eine Vorrichtung, die es gestattet, den Lochstreifen in zwei Richtungen zu transportieren.

Transportrad A wird motorgetrieben und treibt seinerseits Transportrad B in Gegenrichtung. Für Vorwärtstransport wird der Streifen durch Kraft C gegen Transportrad B gedrückt, für Rückwärtstransport durch Kraft D gegen Transportrad A. Kraft E bremst das Band ab.

Der in Bild 10 dargestellte Mechanismus ist völlig anders konstruiert (Ferranti-Leser). Der Motor treibt über ein Differentialgetriebe die Transportwelle, wenn gleichzeitig einerseits die Kupplungsschuhe die Bremswelle blockieren, andererseits die Bremsschuhe die Transportwelle freigeben. Die Transportwelle bremst den Streifen ab, wenn die Bremsschuhe die Transportwelle blockieren und die Kupplungsschuhe die Bremswelle freigeben. Kupplungs- und Bremsschuhe arbeiten elektromechanisch genau im Gegentakt mit einem Flipflop als Steuerelement.

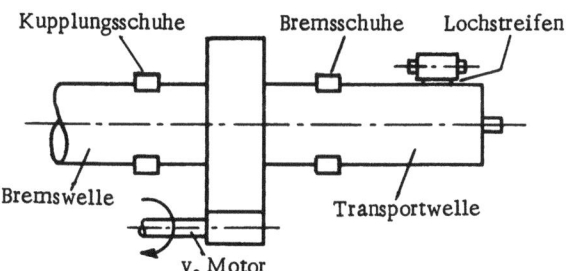

Bild 10
Ferranti-Bandleser

Die Lesköpfe enthalten eine Lichtquelle, eine Patrone empfindlicher Fotozellen sowie ein geeignetes Linsensystem, das die von der Lichtquelle ausgesendeten Lichtstrahlen gebündelt durch die Löcher des Lochstreifens auf die Fotozellen richtet. Für jeden Lochstreifenkanal ist eine Fotozelle vorgesehen, auch für den Führungslochkanal. Der Führungslochimpuls wird für Steuerungszwecke benutzt.

Dielektrische Leser

In letzter Zeit sind Leser bekanntgeworden (Facit), die den Lochstreifen dielektrisch abtasten. Der Lochstreifen ist Teil des Dielektrikums eines jedem Kanal zugeordneten Kondensators. Jedes Loch im Streifen ändert das Dielektrikum des ihm zugeordneten Kondensators.

Leser, die nach diesem Prinzip arbeiten, ermöglichen etwa gleiche Verarbeitungsgeschwindigkeiten, die Fotoleser auszeichnen. Sie weisen jedoch den Vorteil auf, daß sie weniger licht- und staubempfindlich und altersbeständiger sind.

Literatur

[1] Handbook of Automation, Computation and Control, Volume 2 (Computers and Data Processing) John Wiley & Sons, New York (USA) 1959.

Die Anwendung des Lochstreifens als Datenträger im Bereich der kaufmännischen Datenverarbeitung

H. Pärli

1. ABGRENZUNG DES THEMAS

Mit "kaufmännischer Bereich" ist hier die kaufmännische Verwaltung von Wirtschaftsbetrieben gemeint. Dazu gehört auch die technische Verwaltung in Wirtschaftsbetrieben, soweit die dort auftretenden Datenverarbeitungsprobleme nach den Datenverarbeitungsprinzipien behandelt werden, die auf dem Gebiet der kaufmännischen Datenverarbeitung Gültigkeit erlangt haben.

2. ALLGEMEINE EINFÜHRUNG

Der Lochstreifen ist in Deutschland ein unterbewertetes Organisationsmittel. Vor etwa 4 Jahren erlebte er einen kräftigen Aufschwung, konnte jedoch keinen echten Durchbruch erzielen. Ursache dieses Aufschwungs war die Einführung elektronischer Rechenanlagen zur kaufmännischen Datenverarbeitung, d.h. von Maschinen, die Lochstreifen unmittelbar verarbeiten können. Die Bedeutung dieser Anlagen für die Anwendung von Lochstreifen war seinerzeit von einer Reihe von Herstellern konventioneller Büromaschinen erkannt worden. Dementsprechend hatten sie bei der Entwicklung ihrer Büromaschinen auf diesen Tatbestand Rücksicht genommen, indem sie Geräte herstellten, die mit Lochstreifenlochern gekoppelt werden konnten. Die Bedienung und normale Funktion dieser Büromaschinen änderte sich dadurch nicht oder nur geringfügig; es entstand lediglich neben den gewöhnlichen Ergebnissen als "Abfallprodukt" noch ein Lochstreifen als Datenträger, der während der Normalarbeit anfallende Daten aufnahm.

Die Hersteller solcher Büromaschinen jedoch haben lange Zeit die Bedeutung des Lochstreifens als Organisationsmittel nur auf der Geschäftsführungsebene erkannt. Sie haben es nicht verstanden, diese auch der breiten Schicht ihrer Mitarbeiter (des Vertriebs und des Handels) nahezubringen. Beweis dafür ist, daß von (z.T. sogar leitenden) Mitarbeitern solcher Firmen die Ansicht vertreten wird, der Lochstreifen als Organisationsmittel sei noch nicht ausgereift. Oft herrscht heute noch die Ansicht, daß der Lochstreifen ein Zwischendatenträger sei, der in Lochkarten umgewandelt werden müsse, wenn man die darauf befindlichen Daten weiter verarbeiten wolle.

Die bestehende Situation in der Bundesrepublik kann etwa so charakterisiert werden: Im Bereich der elektronischen Rechenanlagen ist der Lochstreifen stark verbreitet und als Organisationsmittel und Datenträger sehr geschätzt. Im Bereich konventioneller Organisationssysteme findet man vielfach die Möglichkeit des Anschlusses von Lochstreifenstanzern an konventionelle Büromaschinen, jedoch wird diese Anschlußmöglichkeit noch relativ selten genutzt.

Im folgenden wird der Versuch unternommen, die Vielfalt der inzwischen entwickelten Lochstreifenpraktiken zu systematisieren. Dabei werden einige Probleme aus dem Bereich der kaufmännischen Lochstreifentechnik und der Verarbeitung von Lochstreifen auf Rechenanlagen besprochen. Entsprechende Beispiele werden angeführt.

3. DIE ERSCHEINUNGSFORMEN DES LOCHSTREIFENS

Die Erscheinungsformen der Lochstreifen werden im Rahmen dieses Beitrages nur der Vollständigkeit halber erwähnt.

3.1. DIE ÄUSSEREN ERSCHEINUNGSFORMEN

Es wird zwischen Lochstreifen und Lochstreifenkarten unterschieden. Am häufigsten sind 5- und 7- bzw. 8-Kanal-Lochstreifen bzw. -Lochstreifenkarten. Am stärksten verbreitet ist der 5-Kanal-Lochstreifen.

Daneben gibt es spezielle Geräte, die z.B. 12-Kanal-Lochstreifen herstellen. Diese Lochstreifen sind in Anlehnung an die Lochkartentechnik entwickelt worden. In der Regel werden die auf ihnen konservierten Daten mit Speziallochern in Lochkarten übertragen.

Lochstreifenrollen sind üblicherweise ca. 300 m lang und werden, nachdem sie ausgelocht sind, wiederum als Rollen archiviert.

Lochstreifenkarten verwendet man in der Regel zur Aufnahme von gleichbleibenden Daten (Stammdaten). So kann z.B. im Rahmen einer Fakturierung eine Kundenadreßkartei in Form einer Lochstreifenkarten-Kartei geführt werden.

3.2. FUNKTIONALE ERSCHEINUNGSFORMEN

Der Lochstreifen ist funktional in zweifacher Hinsicht bedeutsam:
a) Als Konservierungsmittel von Daten, d.h. als externer Datenspeicher;
b) als Steuerelement, indem er Arbeitsanweisungen und Steuerungsfunktionen für die verschiedensten Maschinenarten aufnimmt (vgl. dazu 5.2.: Grundsätzliche Organisationsformen, reine Steuerung).

4. DAS LOCHEN VON LOCHSTREIFEN

Grundsätzlich kann Information auf dreierlei Arten in den Lochstreifen gelangen:
1. Der Lochstreifen kann manuell abgelocht werden. Dieser Vorgang ähnelt dem Ablochvorgang in der Lochkartentechnik, d.h. von einem Beleg, der die abzulochenden

Informationen enthält, werden diese gelesen und in die Tastatur eines Lochstreifenlochers eingetastet.

Für das Prüfen der so gelochten Lochstreifen haben sich im wesentlichen zwei Verfahren herausgebildet. Das eine besteht in einem zweimaligen Ablochen der Daten sowie einem vergleichenden bzw. kontrollierenden Einlesen und damit Prüfen in einer Rechenanlage. Beim zweiten Verfahren werden die gelochten Daten während des Lochvorganges mit einem Blattschreiber in Klarschrift angeschrieben und später ein visueller Vergleich mit den Urbelegen vorgenommen.

2. Der Lochstreifen kann als "Abfallprodukt" bei Hauptarbeiten oder Meßvorgängen anfallen. Unter "Hauptarbeiten" sind hier wesentliche Büro- bzw. Verwaltungsarbeiten gemeint, die mit konventionellen Büromaschinen, z.B. Buchungsautomaten, Registrierkassen, Fakturiermaschinen, ausgeführt werden können. Bei der nach bestimmten Konventionen durchgeführten Hauptarbeit fällt, ohne daß deren ursprüngliche Form verändert wird, ein Lochstreifen als Abfallprodukt an.

Als Abfallprodukt fällt er auch bei verschiedenen Meßvorgängen an. So kann z.B. einer Waage ein Lochstreifenstanzer angeschlossen werden, der das Ergebnis jedes Verwiegungsvorganges in einen Lochstreifen stanzt.

Bei den oben geschilderten Vorgängen der Datenerfassung liegen die Daten in maschinenlesbarer Form vor.

3. Bei den unter 1. und 2. geschilderten Arten, wie Informationen in einen Lochstreifen gelangen können, war von Lochstreifen, die sogenannte Ursprungsdaten bzw. Eingabedaten enthielten, die Rede. Der Lochstreifen kann aber auch Ergebnisdaten bzw. Zwischenergebnisse aufnehmen. Die Ergebnisse stammen dann aus Rechenwerken von Büromaschinen oder elektronischen Rechenanlagen und werden automatisch durch interne Programmsteuerung in den Lochstreifen gestanzt.

Man wählt diese Form der Ausgabe, wenn dadurch die Gesamtabwicklung beschleunigt werden kann. Das ist immer dann der Fall, wenn das Stanzen des Lochstreifens schneller vor sich geht als eine konkurrierende Art der Ausgabe, z.B. das Ausschreiben auf einer Schreibmaschine. Das ist z.B. der Fall bei mathematischen Rechenanlagen, wenn diese, was häufig zutrifft, nur über eine elektrische Schreibmaschine zur Ausgabe verfügen. Die Geschwindigkeit der Schreibmaschine bei elektronischen Rechenanlagen liegt bei 10 Zeichen/s, während bei Stanzgeräten Geschwindigkeiten zwischen 30 und 300 Zeichen/s erreicht werden.

5. GRUNDSÄTZLICHE ORGANISATIONSFORMEN

In der Praxis wird eine Vielzahl von Anwendungsformen des Lochstreifens angetroffen. Diese lassen sich grundsätzlich wie folgt systematisieren:

5.1. GESCHLOSSENE SYSTEME

Unter einem geschlossenen Lochstreifen-Organisationssystem soll ein System verstanden werden, welches die einmal abgelochten Daten auf einer konventionellen, mit Lochstreifen arbeitenden Büromaschine mehrfach benutzt, in dem also der Lochstreifen nicht nur Datenträger für ein anderes, größeres Datenverarbeitungssystem ist. Bekanntestes Beispiel auf diesem Gebiet ist die Arbeitsvorbereitung bzw. Auftragsabwicklung in Mittelbetrieben. Die Firma Friden z.B. hat schon seit längerer Zeit solche Organisationsformen entwickelt.

Beispielsweise wird ein eingehender Auftrag mit all seinen Daten auf ein standardisiertes Auftragseingangsformular übertragen, wobei ein Lochstreifen mit allen diesen Daten anfällt. Hieraus werden dann Mitteilungen für die einzelnen Betriebsabteilungen geschrieben, wobei automatisch auf die einzelnen Mitteilungen nur die Daten aus dem Lochstreifen übertragen werden, die für die betreffende Abteilung relevant sind. Damit wird vermieden, daß die einzelnen Abteilungen mit für sie unbedeutenden Daten belastet werden bzw. daß sie Informationen erhalten, die sie aus Geheimhaltungs- oder Vertraulichkeitsgründen gar nicht erhalten sollen.

Aus dem Lochstreifen wird ferner die Auftragsbestätigung geschrieben. Danach wird er bis zur Erledigung des Auftrages aufgehoben. Mit der Erledigungsmeldung erhält die zentrale Auftragsbearbeitungsstelle zusätzliche Daten über die Erledigung des Auftrages, die, mit den ursprünglich erfaßten Daten zusammengefügt, als Grundlage für die Erstellung der Versandanzeigen, der Rechnung usw. dienen. Bei der Erstellung der Rechnung schließlich kann ein weiterer Lochstreifen gewonnen werden, der wiederum Grundlage für Gesamtauswertungen sein kann.

Solche geschlossene Lochstreifen-Organisationssysteme haben den Vorteil, daß sie sehr flexibel sind. Sie gestatten in relativ hohem Maße manuelle Eingriffe und die Bearbeitung von Spezialfällen.

5.2. REINE STEUERUNG

Der Lochstreifen wird vielfach als reines Steuerungselement eingesetzt. Diese Art der Anwendung ist außerordentlich vielfältig. Hier werden nur einige Beispiele gebracht.

Vorläufer der Lochkarte waren bekanntlich die Holztäfelchen, mit denen seit Jacquard die ersten Webstühle gesteuert wurden. Später verwendete man dann aneinandergereihte Lochkarten, die ja im Prinzip nichts anderes als ein Lochstreifen sind. Auch heute noch findet man solche Systeme, z.B. bei der Steuerung altmodischer Musikautomaten, wie des sogenannten elektrischen Klaviers, der Jahrmarktsorgeln und der durch die Straßen Amsterdams gezogenen großen "Musikboxen", die bei uns Leierkästen heißen.

Mit Lochstreifen wird heute eine Reihe von Werkzeugmaschinen gesteuert. Zu jeder Werkzeugmaschine wird entweder eine Anzahl fester Arbeitsprogramme auf Lochstreifen mitgeliefert, oder die Käufer lassen sich vom Lieferanten spezielle Arbeitsprogramme für die gelieferte Maschine entwickeln.

Mit Hilfe von Korrespondenzmaschinen, die mit Lochstreifen gesteuert werden (z.B. "Flexowriter" von Friden und "Tronictyper" von Eichner), kann man in relativ kurzer Zeit eine Vielzahl von Originalbriefen schreiben.

Bei Setzmaschinen in den Druckereien verwendet man oftmals Lochstreifen, um einen automatischen Randausgleich zu erreichen.

5.3. HILFSMITTEL INNERHALB GRÖSSERER SYSTEME

Der Lochstreifen ist am häufigsten als Hilfsmittel innerhalb größerer Organisationssysteme anzutreffen. Diese Organisationsform ist kurz nach der Entwicklung der Lochkartenmaschinen und ihrer Weiterentwicklung entstanden. Sie hat mit dem Aufkommen der elektronischen Rechenanlagen stark an Bedeutung zugenommen.

Es wird oftmals eingewandt, daß die wachsende Bedeutung des Lochstreifens (im Zusammenhang mit elektronischen Rechenanlagen) sich nur auf Betriebe beziehen kann, die eigene Rechenanlagen haben. Wie die Praxis lehrt, ist das nicht so. Um diesen Einwand zu entkräften, soll dieses Problem hier etwas näher betrachtet werden. Dabei sollte zwischen der Anwendung des Lochstreifens als Hilfsmittel in
a) Großbetrieben,
b) Mittel- und Kleinbetrieben
unterschieden werden.

Zu a): Bezüglich der Verwendung des Lochstreifens in Großbetrieben, die über eigene elektronische Rechenanlagen verfügen, könnte eingewendet werden, daß bei modernen elektronischen Rechenanlagen der Lochstreifen durch das Magnetband überholt sei. Daß das Magnetband ein modernerer Informationsträger als der Lochstreifen ist, sei nicht bestritten. Trotzdem verbleiben dem Lochstreifen einige vorteilhafte Anwendungsmöglichkeiten.

Es gibt eine Reihe von Wirtschaftszweigen, in denen die Fakturierung (um diese als Beispiel zu nehmen) besonders schwierig auf elektronische Rechenanlagen zu übertragen ist. So hat es z.B. in der Eisen- und Stahlindustrie jahrelanger organisatorischer Entwicklungen bedurft, bis erste Lösungen in der Praxis aufgewiesen werden konnten. Auch in anderen Wirtschaftszweigen gibt es schwierige Verwaltungsarbeiten, die sich nur mit großer Mühe auf elektronische Rechenanlagen umstellen lassen.

Denkt man z.B. an Rechnungen, die nur unwesentliche Teile in systematischer Form enthalten und bei denen die Mehrzahl der auf der Rechnung aufgeführten Daten in völlig unsystematischer Form erscheint (z.B. Texte, Versandvorschriften, Hinweise für den Kunden, kurze Antworten auf Anfragen, wodurch die Rechnung gleichzeitig eine Teilkorrespondenz darstellt), so wird klar, daß sich solche Rechnungen nur sehr schwer mit elektronischen Rechenanlagen herstellen lassen. Es gibt in Deutschland eine Reihe von Großbetrieben, die in solchen Fällen konventionelle Fakturiermaschinen verwenden, bei der Fakturierung nur die systematisch auftretenden Daten in den Lochstreifen stanzen und ihn dann in einem anderen Arbeitsgang der Auswertung zuführen. Der Lochstreifen kann dann entweder direkt in einer Rechenanlage verarbeitet oder über die Rechenanlage auf Magnetbänder zur Weiterverarbeitung übertragen werden.

In Großbetrieben mit eigenen elektronischen Rechenanlagen kann der Lochstreifen ferner ein sinnvoller Informationsträger und ein sinnvolles Organisationsmittel sein, wenn es um die Lösung des Zentralisierungsproblems der Datenverarbeitung geht. Viele Großbetriebe und Konzerne bestehen aus einzelnen Werken, Betriebsabteilungen oder Unternehmungen, die räumlich so weit auseinanderliegen, daß die Datenübermittlung zum Problem wird. Verfügt ein solcher Großbetrieb (Konzern) über ein elektronisches Datenverarbeitungssystem, so ist er stets vor die Frage gestellt, ob die Datenverarbeitung zentral oder dezentral durchgeführt werden soll. Die Entscheidung ist in solchen Fällen sicherlich nicht immer eindeutig; es wird immer Aufgaben geben, die sich besser dezentral, und andere, die sich besser zentral lösen lassen.

Für die zentral zu lösenden Aufgaben jedoch besteht dann das Problem der Datenübermittlung von den einzelnen Datenerfassungspunkten zur Datenverarbeitungszentrale. Diese Übermittlung kann grundsätzlich auf zweierlei Wegen erfolgen. Einmal ist es möglich, die Urbelege zur Zentrale zu befördern und dort abzulochen. Zum anderen jedoch kann man die Belege dezentral ablochen und die so gewonnenen Informationsträger in die Zentrale befördern. In diesem Fall ist der Lochstreifen allen anderen Datenträgern überlegen, und zwar besonders wegen seiner geringen Empfindlichkeit gegen Witterungseinflüsse. Lochkarten (und in noch höherem Maße Magnetbänder) müssen bei solchen Transporten gegen Witterungseinflüsse durch besondere Vorkehrungen abgeschirmt werden. - Zur Frage der Daten-Fernübertragung vergleiche 6.2.1.3./7.

Zu b): Die Bedeutung des Lochstreifens für Mittel- und Kleinbetriebe ist bei weitem noch nicht voll erkannt worden. Dabei stellt der Lochstreifen für diese Betriebsformen den Schlüssel zur Anwendung moderner Datenverarbeitungsmethoden mit modernen datenverarbeitenden Anlagen dar, gewissermaßen die Brücke, über die sich diese Betriebe die Nutzungsmöglichkeit jener Anlagen erschließen können, die zu kaufen oder zu mieten sie selbst nicht in der Lage sind.

Wir halten diesen Punkt für derart bedeutsam, daß wir die damit zusammenhängenden Fragen in einem eigenen Abschnitt, dem folgenden Abschnitt. 6., näher erörtern wollen.

6. DIE BEDEUTUNG DES LOCHSTREIFENS FÜR DIE DATENVERARBEITUNG IN MITTEL- UND KLEINBETRIEBEN

Wie im vorigen Abschnitt gesagt, kann der Lochstreifen für Mittel- und Kleinbetriebe der Schlüssel zur Nutzung der Vorteile moderner Datenverarbeitungsmethoden sein.

Vielfach wird aber gerade von Vertretern kleinerer Betriebe die Auffassung vertreten, daß moderne Datenverarbeitungsverfahren mit elektronischen Rechenanlagen den Großbetrieben vorbehalten seien und nur dort sinnvoll eingesetzt werden könnten. Dieser Auffassung muß energisch widersprochen werden. Daß elektronische Rechenanlagen nicht sinnvoll bei kleineren Betrieben eingesetzt werden können, hat in erster Linie wirtschaftliche Gründe und liegt nicht daran, daß die dort auftretenden kaufmännischen Datenverarbeitungsprobleme zu simpel für so komplizierte Anlagen seien. Der Unterschied zwischen den kaufmännischen Datenverarbeitungsproblemen liegt nicht so sehr im Schwierigkeitsgrad, als vielmehr im Umfang. Es wäre also durchaus sinnvoll, wenn mehrere kleinere Betriebe gemeinsam eine elektronische Rechenanlage zur Lösung ihrer kaufmännischen Datenverarbeitungsprobleme einsetzten.

6.1. DIE HAUPTPROBLEME DER DATENVERARBEITUNG BEI ALLEN BETRIEBEN

Abgesehen von den Problemen, die sich infolge der Umorganisation und der Einführung neuer Organisations- und Datenverarbeitungsprobleme bei Umstellungen ergeben, sehen sich die Betriebe nach der Umstellung in der Regel den folgenden beiden Hauptproblemen permanent gegenübergestellt: Dem Datenerfassungsproblem und dem Problem der Datenverarbeitungskapazität.

6.1.1. Das Datenerfassungsproblem

Das Datenerfassungsproblem ist das zentrale Problem in der gesamten elektronischen Datenverarbeitung.

Die Verarbeitungstechnik ist inzwischen so weit fortgeschritten, daß man von ihr z.Z. kaum noch Steigerungen und Verbesserungen zu erwarten wagt. Die Rechengeschwindigkeiten haben unvorstellbar kleine Größenordnungen erreicht und werden inzwischen in Nanosekunden gemessen. Die Geschwindigkeiten der Dateneingabe über Magnetbänder liegen in der Größenordnung von 200 000 Zeichen/s.

Im Gegensatz dazu ist die Datenerfassung noch stark "unterentwickelt". In den meisten Firmen werden Belege, die innerhalb des eigenen Betriebes entstehen, zwar schon so gestaltet, daß sie direkt abgelocht werden können. Doch kommt es noch sehr oft vor, daß aus der außerbetrieblichen Sphäre eingehende Belege zunächst in einem manuellen Verfahren auf ablochfähige Listen, entweder manuell oder mit Hilfe von Büromaschinen, umgeschrieben werden müssen, um die eingehenden Daten ablochfähig zu machen. Ziehkarteien mit vorgelochten Karten; Strichlochverfahren; Fotolekteurverfahren; Magnetolekteurverfahren: bei allen diesen Verfahren handelt es sich um Bemühungen, das Problem der Datenerfassung zu lösen, d.h. die Datenerfassung zu mechanisieren, zu automatisieren und insgesamt zu beschleunigen und sie in ein richtiges Verhältnis zur Datenverarbeitung zu bringen.

Im Bereich der kaufmännischen Datenverarbeitung muß leider festgestellt werden, daß noch nicht genügend viele befriedigende Verfahren zur Lösung dieses Problems entwickelt wurden.

Im Bereich der technischen Datenverarbeitung, der technischen Statistik, der Prozeßsteuerung usw. ist man auf diesem Gebiet schon einen Schritt weitergekommen, indem man mit Hilfe von Meßgeräten analoge Meßwerte erhält, die über Umwandler entweder in digitaler Form auf geeignete Datenträger gebracht oder als Digitalimpulse direkt an die Rechenanlage weitergegeben werden.

Die Realisierung automatischer Datenerfassungssysteme bleibt jedoch im allgemeinen auf einen sehr engen räumlichen Bereich beschränkt, und zwar auf einen von einem Betrieb oder einer Unternehmung unmittelbar, mit allen Konsequenzen, beeinflußbaren Bereich. Dieser ist bei der kaufmännischen Datenverarbeitung im Verhältnis zum Gesamtgebiet weitaus kleiner als bei der technischen Datenverarbeitung. Als Beispiel sei nur angeführt, daß ein Fabrikationsbetrieb, der unmittelbar an Kleinabnehmer liefert, unter Umständen mehrere hunderttausend Kunden hat, die zu beeinflussen und zur Einhaltung von Datenerfassungs- bzw. Aufschreibungskonventionen zu erziehen, ein fast hoffnungsloses Unterfangen ist.

Hinzu kommt, daß mit der Datenerfassung meist zusätzlicher Arbeitsaufwand und zusätzliche Investitionen für Maschinen verbunden sind. Man braucht für die Datenerfassung exakte Aufschreibungen und Geräte, die diese Aufschreibungen in von Maschinen verarbeitbare Informationsträger umwandeln.

Hier ergeben sich für kleinere Betriebe mitunter Investitionskosten von einer Höhe, die die Betriebseigner, schon bevor man über Sinn und Zweck und die Vorteile moderner Datenverarbeitungssysteme diskutiert, zurückschrecken lassen, so daß es gar nicht zu einer vollständigen Prüfung, ob sich die Einführung eines modernen Systems lohnt, kommt.

Die Datenerfassung für maschinelle Auswertung ist also entweder mit erhöhten Personalkosten oder Investitionen verbunden.

6.1.2. Das Problem der Datenverarbeitungskapazität

Ist das Datenerfassungsproblem gelöst, so bedarf es für die Verarbeitung und Auswertung der erfaßten Daten einer hochqualifizierten Verarbeitungskapazität. Für die Auswertung kaufmännischer Daten bedient man sich heute hauptsächlich konventioneller Lochkartenmaschinen oder elektronischer Rechenanlagen. Beide Systeme unterscheiden sich sehr stark in Leistungsfähigkeit und Kapazität. Der Markt weist ein reichhaltiges Angebot auf. Die Kosten für ein kleines funktionsfähiges Lochkartenmaschinen-System bzw. für eine elektronische Großrechenanlage mit Magnetbändern und Großraumspeicher reichen von ca. DM 3 000,-- bis ca. DM 250 000,-- Monatsmiete. Dazu kommen noch Gemeinkosten, die bei konventionellen Lochkartenabteilungen bei ca. 80 % der Monatsmiete und bei Datenverarbeitungsanlagen, die mit elektronischen Rechenanlagen bzw. Datenverarbeitungssystemen ausgerüstet sind, bei etwa 100 % der jeweiligen Monatsmiete liegen.

Nun ist es klar, daß es in Deutschland eine Reihe von Betrieben und Unternehmungen gibt, deren Datenverarbeitungsprobleme nach schnellen maschinellen Verarbeitungssystemen verlangen, die jedoch nicht einen Umfang erreichen, der die Anschaffung eigener Maschinen wirtschaftlich rechtfertigen könnte.

Daraus ergibt sich zwangsläufig, daß größere Betriebe, die sich solche Abteilungen mit Datenverarbeitungsmaschinen im eigenen Hause leisten können, bessere Unterlagen zur Betriebsführung besitzen als kleine und mittlere Unternehmen, die dazu nicht in der Lage sind. Die dadurch gewonnene bessere Betriebs- und Markttransparenz versetzt jene Betriebe in die Lage, schneller richtige Entscheidungen zu treffen und sichert ihnen damit den größeren Erfolg im Konkurrenzkampf. Wollen die kleineren Betriebe diese Unterlegenheit ausgleichen, so müssen sie die eben beschriebenen Hauptprobleme der Datenverarbeitung, nämlich die der Datenerfassung und der -verarbeitungskapazität, lösen.

6.2. LÖSUNG DER HAUPTPROBLEME DER DATENVERARBEITUNG

Im folgenden soll untersucht werden, auf welchen Wegen und mit welchen Mitteln die Lösung der Hauptprobleme der Datenverarbeitung - nämlich der Datenerfassung und der Beschaffung der notwendigen Verarbeitungskapazität - erreicht werden kann.

6.2.1. Die Lösung des Datenerfassungsproblems

Die Überwindung des Datenerfassungsproblems kann oft sehr vorteilhaft durch "Hauptarbeiten" mit paralleler Gewinnung eines Informationsträgers als "Abfallprodukt" erfolgen. Was in diesem Zusammenhang unter "Hauptarbeiten" zu verstehen ist, wurde weiter oben schon beschrieben. Es wäre nunmehr die Frage zu klären, welche Hauptarbeiten und welche Informationsträger in diesem Zusammenhang in Frage kommen.

6.2.1.1. Die in Frage kommenden Hauptarbeiten

Als erste Gruppe der Hauptarbeiten sind die Arbeiten zu nennen, die mit konventionellen Büromaschinen ausgeführt werden können, wobei diese Büromaschinen mit Lochstreifen- bzw. Lochkartenstanzern gekoppelt werden können. Die häufigsten Maschinen dieser Art sind Registrierkassen, Fakturiermaschinen, Buchungsmaschinen, Schreibautomaten, Addiermaschinen usw.

Voraussetzung bei diesen Arbeiten ist, daß sie eine gewisse Systematik aufweisen, d.h., die zu bearbeitenden Einzelfälle müssen in ein vorher festlegbares Schema eingepaßt werden können. Diese Voraussetzung muß erfüllt sein, da die anfallenden Daten nur dann auf elektronischen Rechenanlagen bzw. Lochkartenmaschinen weiter verarbeitet werden können, wenn die Daten nach einer bestimmten, festgelegten Konvention angefallen sind.

Als zweite Gruppe von Hauptarbeiten wären alle Verrichtungen zu nennen, die an Meßvorrichtungen vorgenommen werden, die ebenfalls mit Stanzern gekoppelt werden können. Solche Meßinstrumente können entweder durch einen manuellen Eingriff tätig werden (z.B. bei einem Wiegevorgang) oder periodisch Messungen vornehmen (z.B. Maximumlocher in der Elektrizitätsverbundwirtschaft bei den Übergabestellen).

Bei besonders scharf rückgekoppelten Steuerungssystemen zur Lenkung von Betriebsprozessen können Daten auch bei der Datenübermittlung, sogar bei der manuellen, automatisch erfaßt werden. So kann es z.B. sein, daß die im Betriebspunkt a anfallenden Daten Ergebnisdaten dieses Betriebspunktes sind, nach kurzer Zeit jedoch im Betriebspunkt b Ausgangsdaten für die Weiterverarbeitung des durch a und b laufenden Produktes. In diesem Zusammenhang kann es erforderlich werden, die in a angefallenen Informationen mittels Fernschreiber nach b zu übermitteln. Bei der Übermittlung dieser Daten kann dann gleichzeitig ein Informationsträger entstehen, der die in a anfallenden Daten für eine Auswertung sammelt und bereitstellt.

6.2.1.2. Die in Frage kommenden Informationsträger

In dem hier gestellten Rahmen, wo es um die Lösung des Datenerfassungsproblems durch Gewinnung eines Datenträgers als Nebenprodukt geht, kommen nur die Lochkarte und der Lochstreifen als Datenträger in Frage.
Magnetband und Magnetkarte bleiben dem Bereich der reinen elektronischen Datenverarbeitung vorbehalten, da sie als Datenträger zum Anschluß an konventionelle Büromaschinen weniger geeignet sind.

6.2.1.3. Vergleich der geeigneten Informationsträger in charakteristischen Punkten

Im folgenden sollen die eben als in Frage kommend bezeichneten Informationsträger "Lochkarte" und "Lochstreifen" auf charakteristische Merkmale und Eigenschaften miteinander verglichen werden.

1. Kosten des Materials

Für die Lochkarte benötigt man zur Herstellung einen Präzisionskarton bestimmter Toleranzen, da sonst die Verarbeitung der Lochkarte auf Schwierigkeiten stößt. Der Lochstreifen dagegen ist zwar aus qualitativ hochwertigem Papier, jedoch ist die Einhaltung der Materialtoleranzen nicht von solcher Bedeutung, weshalb die Herstellungskosten des Lochstreifens gegenüber denen der Lochkarte bedeutend niedriger sind. Da der Lochstreifen zur Darstellung einer Information nur etwa ein Siebentel soviel Platz braucht, ist er dieser auch bezüglich des mengenmäßigen Materialaufwands erheblich überlegen.

2. Kosten der erstellenden Geräte

Zur "parallelen" Erstellung der Lochkarte werden gewöhnlich normale Lochkartenlocher an die konventionellen Büromaschinen angeschlossen. Diese Locher werden über ein besonderes Zwischensteuerungsgerät von der betreffenden Büromaschine gesteuert. Es ist leicht einzusehen, daß die automatische Zuführung von einzelnen Lochkarten technisch schwieriger zu bewältigen ist, als die Zuführung eines kontinuierlichen Lochstreifens. Dadurch gestalten sich die Geräte zur Lochkartenstanzung bzw. -lochung wesentlich aufwendiger als die üblicherweise im Handel befindlichen Geräte zur Stanzung von Lochstreifen.

Die wenigsten Herstellerfirmen konventioneller Büromaschinen haben sich dazu entschlossen, eigene Lochkartenstanzgeräte zu entwickeln. Die meisten von ihnen verwenden die handelsüblichen Lochkartenlocher der in Deutschland ansässigen Hersteller von Lochkartenmaschinen. Dadurch ergibt sich, daß für die Wartung dieser Locher in schwierigen Reparaturfällen nur die Herstellerfirma der Lochkartenmaschine selbst die Wartung und Überholung übernehmen kann (mögliche Ausnahmen bestätigen nur die Regel), während bei Lochstreifen erstellenden Lochern die Wartung, Überholung und gesamte Verarbeitung bei einer Firma, nämlich der Herstellerfirma der konventionellen Büromaschine, liegt.

Auch in Bezug auf die Lochaggregate kann also allgemein festgestellt werden, daß die Geräte zur Erstellung von Lochstreifen den Geräten zur Erstellung von Lochkarten kostenmäßig überlegen sind.

3. Klimaabhängigkeit

Die fehlerfreie Zuführung von Lochkarten in lochkartenverarbeitenden Maschinen ist in sehr hohem Maße von der Qualität und den vorgeschriebenen Eigenschaften des Lochkartenmaterials abhängig. Da dieses recht empfindlich ist, muß in verschiedenerlei Hinsicht der Beschädigung und Veränderung dieses Materials vorgebeugt werden. Physische Beschädigung von Lochkarten (Knicken, Einreißen) und Witterungseinflüsse können die Lochkarte so stark verändern, daß ihre Verarbeitung auf den Präzisionsmaschinen nicht mehr möglich ist. Es ist daher bei der Verarbeitung von Lochkarten Voraussetzung, daß diese in mäßig feuchten und gleichmäßig temperierten Räumen gelagert werden.

Der Lochstreifen ist wesentlich unempfindlicher und läßt sich dementsprechend bei weitaus weniger sorgfältiger Behandlung noch recht gut verarbeiten.

4. Auswertungskosten bei elektronischer Auswertung

Zwar lassen sich Lochstreifen natürlich nicht auf Lochkarten verarbeitenden Maschinen auswerten (d.h. auf konventionellen Lochkartenmaschinen), und es entfällt somit für den Lochstreifen eine Auswertungsmöglichkeit auf relativ billigen Auswertungsmaschinen, doch muß für die elektronische Auswertung festgestellt werden, daß Rechenanlagen, die in der Peripherie über Lochkartenein- und -ausgabe verfügen, in der Regel teurer sind als Rechenanlagen, die nur mit Lochstreifenanschlußgeräten ausgestattet sind. Dieser Umstand wirkt sich natürlich auf die Auswertungskosten aus.

5. Sortierbarkeit

Lochkarte und Lochstreifen sind beides externe Speichermedien. Ein externer Speicher jedoch, der unsortierte Daten enthält, ist nur von Wert, wenn diese Daten in eine gewisse Ordnung gebracht werden können oder aber jede der Informationen mit einem schnellen Zugriff erreichbar ist. Die Daten können jedoch nur in eine gewisse Ordnung gebracht werden, wenn das externe Speichermedium selbst sortierbar ist oder der zur Verarbeitung der extern gespeicherten Daten benutzte interne Speicher so groß ist, daß er die Gesamtheit der zu einem Problem gehörenden Daten aufnehmen und dann in sortierter Folge wieder abgeben kann.

Nun gibt es im kaufmännischen Bereich eine Reihe von Datenverarbeitungsproblemen, die sogenannten Massendatenverarbeitungsprobleme, bei denen sehr viele Daten auftreten. Will man die Verarbeitung dieser Daten einigermaßen sinnvoll gestalten, d.h. sie auf mittelgroßen Rechenanlagen bewältigen und auf den Einsatz von sehr teuren Großrechenanlagen mit Großraumspeicher verzichten, so ist es erforderlich, mit der sogenannten sortierten Eingabe zu arbeiten. Muß diese Verarbeitungsart unter allen Umständen eingehalten werden, so ist die Lochkarte der ideale Informationsträger, der sich auf billigen Hilfsmaschinen leicht sortieren läßt. Dagegen können unsortiert anfallende und auf einem Lochstreifen konservierte Daten nicht in dieser Weise sortiert werden. Im allgemeinen muß also festgestellt werden, daß in dieser Beziehung die Lochkarte eindeutig überlegen ist. Es wäre nun zu prüfen, ob diese Überlegenheit in allen Fällen kaufmännischer Datenverarbeitung gegeben ist und unter welchen Voraussetzungen nicht.

Auch bei der Verarbeitung von Lochkarten strebt man gelegentlich eine unsortierte Eingabe an. In diesen Fällen sind Lochkarte und Lochstreifen gleichwertige Eingabemittel. Eine unsortierte Lochkarteneingabe wird immer dann gewählt, wenn alle in einem Datenverarbeitungsproblem vorkommenden Auswertungsfälle in dem zur Verfügung stehenden Speicher untergebracht werden können.

Das soll an einem Beispiel erläutert werden. Ein Betrieb schreibt jeden Tag 200 Rechnungen, er hat etwa 500 feste Kunden und möchte am Monatsende den Umsatz je Kunde feststellen. Das bedeutet, daß die Umsätze der 20 Arbeitstage mit je 200 Rechnungen (= insgesamt 4 000 Rechnungen) auf die 500 Kunden verteilt werden müssen. Sieht man für jeden Kunden im Speicher einen Speicherplatz vor, so wäre es ohne weiteres möglich, bei unsortierter Eingabe die Umsätze auf 500 Speicherplätzen zu sammeln und nach Verarbeitung der Daten der letzten Rechnung die im Speicher aufgebaute Statistik, sortiert nach Kunden-Nummer, auszugeben. Veranschlagt man für ein einfaches Auswertungsprogramm dieser Art noch 500 Plätze Programmspeicher, so würden von dem zur Verfügung stehenden Speicher insgesamt 1 000 Speicherplätze für die Durchführung dieser Aufgabe benötigt werden.

Soll diese Kundenstatistik jedoch verfeinert werden und will man über den Umsatz je Kunde hinaus noch wissen, welche Artikel der Kunde gekauft hat, und unterstellt man, daß der Betrieb 100 verschiedene Artikel vertreibt, so ist es möglich, daß jeder der 500 Kunden im Laufe einer Abrechnungsperiode einen Umsatz in allen 100 lieferbaren Artikeln gehabt hat. Wollte man in diesem Falle für jeden möglicherweise vorkommenden Fall einen Speicherplatz vorsehen, so wären $500 \cdot 100 = 50 000$ Speicherplätze für die Verteilung des Bruttoumsatzes, d.h. für den Aufbau der Statistik im Speicher erforderlich. Ein Speicherumfang von 50 000 Speicherplätzen ist bei Kernspeichermaschinen schon ungewöhnlich, und eine Verarbeitung nach diesem Verarbeitungsprinzip müßte ausscheiden. In Frage käme nun wiederum die sortierte Eingabe. Wollte man trotzdem bei der unsortierten Eingabe verbleiben, so müßte geprüft werden, ob von den 50 000 möglicherweise vorkommenden Fällen in einer Rechnungsperiode tatsächlich alle vorkommen. Wenn aus der Erfahrung oder der Statistik bekannt ist, daß sich der Umsatz nur auf einen Bruchteil der insgesamt angebotenen Artikel konzentriert, so müßte als nächstes geprüft werden, ob die tatsächlich in einer Abrechnungsperiode vorkommenden Fälle in dem zur Verfügung stehenden Speicherraum untergebracht werden können. Ein weiterer Weg, mit unsortierter Eingabe zu arbeiten, wäre es, zu prüfen, ob die genannte Statistik in dieser Feinunterteilung durchgeführt werden muß, d.h. ob es erforderlich ist, zu wissen, wieviel Umsatz jeder Kunde in den einzelnen Artikeln gemacht hat, oder ob es genügen würde, eine Statistik darüber aufzustellen, welche Umsätze die einzelnen Kunden in den Artikelgruppen getätigt haben. Ließen sich die 100 Artikel z.B. in 10 Artikelgruppen unterteilen, so brauchte man für eine Verarbeitung mit unsortierter Eingabe $500 \cdot 10 = 5 000$ Speicherplätze, um für alle möglicherweise vorkommenden Fälle einen Speicherplatz vorzusehen.

Die Einführung derartiger Beschränkungen bedeutet nicht, daß die Aussagekraft der Statistik abnimmt. Im Gegenteil, es kann der Fall sein, daß ihre Aussagefähigkeit steigt, da die Statistik an Übersichtlichkeit zunimmt.

Man kann also insgesamt feststellen, daß die Nichtsortierbarkeit des Lochstreifens nur dann ein Nachteil ist, wenn eine Verarbeitung der Daten mit unsortierter Eingabe nach den eben beschriebenen Prinzipien nicht durchführbar oder nicht sinnvoll ist.

Den Nachteil der Nichtsortierbarkeit des Lochstreifens kann man im übrigen bei der Verarbeitung mit elektronischen Rechenanlagen bis zu einem gewissen Grade auch noch dadurch umgehen, daß man den Lochstreifen mehrmals in eine Rechenanlage eingibt und sich Teilauswertungen erstellt, die man zwischendurch auf Lochstreifen ausgibt und abschließend in einem besonderen Durchlauf auf der Anlage mit einem besonderen Programm wieder zu einer Gesamtauswertung zusammenfügt. Über Verarbeitungsprobleme dieser Art wird noch im Abschnitt 7 zu berichten sein.

6. Archivierung

Die Archivierung von Lochstreifen ist in zweierlei Hinsicht einfacher als die Archivierung von Lochkarten. Das gilt sowohl für neues, noch nicht genutztes Lochstreifen- bzw. -kartenmaterial, als auch für bereits genutztes, welches entweder aus innerbetrieblichen Gründen oder aufgrund gesetzlicher Vorschriften über bestimmte Zeiträume aufgehoben werden muß. Erstens kann der Lochstreifen, wie schon erwähnt, je Volumeneinheit seines Materials etwa die siebenfache Menge speichern wie die Lochkarte. Es ist daher klar, daß der Lochstreifen weniger Raum für seine Lagerung benötigt als die Lochkarte. (Ergänzend sei angemerkt, daß Magnetbänder je Volumeneinheit ca. das 170fache an Zeichen im Vergleich zur Lochkarte aufnehmen können.) Zweitens stellt der Lochstreifen an die Lagerverhältnisse in Bezug auf Klimatisierung geringere Anforderungen als die Lochkarte.

7. Fernübertragung

Sowohl die Lochkarte, als auch der Lochstreifen sind natürlich transportabel. Hierbei sind die unter 3. über Klimaabhängigkeit gemachten Ausführungen zu berücksichtigen. Wenn es auf Übertragungsgeschwindigkeit ankommt, so ist der Lochstreifen der Lochkarten insofern überlegen, als bereits entwickelte und erprobte Übertragungsmittel für die Datenfernübertragung mittels Lochstreifen benutzt werden können. Viele Betriebe verwenden diese Übertragungsmöglichkeiten innerhalb ihres Betriebs- bzw. ihres Unternehmensbereiches. Zu endgültigen Abmachungen über die Benutzung öffentlicher Übertragungswege für die Datenverarbeitung ist es in Deutschland leider noch nicht gekommen. Es besteht auch noch keine Klarheit, inwieweit Betriebe bzw. Konzerne sich über größere Entfernungen eigene Übertragungswege anlegen dürfen bzw. eine eigene Anlage ähnlicher Art zugelassen wird.

6.2.2. Überwindung des Kapazitäts- und damit auch Kostenproblems durch Realisierung des Prinzips der Arbeitsteilung

Die Arbeitsteilung hat sich auf vielen Gebieten im Wirtschaftsleben eindeutig durchgesetzt, und ihre Vorteile werden allgemein anerkannt.

Auf dem Gebiet der Datenverarbeitung hingegen ist es bis heute noch nicht recht zu einer Anerkennung bzw. Realisierung dieses Prinzips gekommen. Das liegt zum Teil daran, daß in den in Frage kommenden Betrieben die Vorteile einer solchen Arbeitsteilung und, damit zusammenhängend, die Probleme der elektronischen Datenverarbeitung noch nicht hinreichend bekannt sind. Ein weiterer Hinderungsgrund mag die Scheu sein, betriebsinterne Daten an fremder Stelle auswerten zu lassen und damit Betriebsergebnisse oder andere vertrauliche Informationen preiszugeben. Diese etwas antiquierte Auffassung braucht hier wohl nicht im einzelnen widerlegt zu werden.

6.2.2.1. Realisierung durch Vergabe von Datenverarbeitungsaufgaben an Lohnarbeitsbetriebe bzw. Rechenzentren

Kommt das Mieten einer eigenen Datenverarbeitungsanlage nicht in Frage, so muß nach Kapazitäten außerhalb des eigenen Unternehmens gesucht werden. Außerhalb des eigenen Betriebes Datenverarbeitungskapazität zu mieten, gibt es verschiedene Möglichkeiten.

1. Die Benutzung von Lohnarbeitsbetrieben

Unter Lohnarbeitsbetrieben versteht man Unternehmungen, die gegen entsprechendes Entgelt Datenverarbeitungsaufgaben auf eigenen bzw. gemieteten Anlagen bearbeiten. Die Wortprägung "Lohnarbeitsbetrieb" stammt von der IBM.

Die in Deutschland anzutreffenden Lohnarbeitsbetriebe kann man nach sehr verschiedenen Gesichtspunkten einteilen. Teilt man sie nach ihrer Funktion bzw. nach den von ihnen erledigten Aufgabengebieten bzw. Datenverarbeitungsproblemen ein, so kann man zwischen

a) kaufmännischen,
b) technischen,
c) universellen

Lohnarbeitsbetrieben unterscheiden.

In den kaufmännischen Lohnarbeitsbetrieben finden wir gewöhnlich entweder nur konventionelle Lochkartenmaschinen oder elektronische Datenverarbeitungssysteme, die nur für die Erledigung kaufmännischer Datenverarbeitungsaufgaben geeignet sind.

Dagegen sind die technischen Rechenzentren mit sogenannten mathematischen Rechenanlagen ausgerüstet und bearbeiten dementsprechend vorwiegend technisch-mathematische Probleme. Da diese Maschinen für die Erledigung kaufmännischer Datenverarbeitungsprobleme nur bedingt geeignet sind, werden solche hier nur in geringem Umfang bearbeitet.

In den sogenannten universellen Rechenzentren sind sogenannte Allzweck-Rechenanlagen installiert. Diese Maschinen sind sowohl für die Verarbeitung von kaufmännischen, als auch von mathematisch-technischen Problemstellungen geeignet, und entsprechend werden auch in diesen Rechenzentren sowohl kaufmännische, als auch technische Aufgabenstellungen bearbeitet. Der Vorteil der universellen Rechenzentren liegt hauptsächlich darin, daß sie die vorhandenen Anlagen besser nutzen können, wie im folgenden gezeigt wird.

Die kaufmännischen Probleme haben in der Regel die Eigenschaft, daß sie periodisch zu bestimmten Terminen erledigt werden müssen. Das bedeutet, daß im allgemeinen am Monatsanfang in den kaufmännischen Lohnarbeitsbetrieben, da sich in diesem Zeitraum die Arbeiten für viele Kunden drängen, nur schwer Kapazität gemietet werden kann. Dagegen ist in der zweiten Hälfte des Monats ein gewisser Beschäftigungsrückgang zu beobachten, wodurch insgesamt eine schlechte Maschinenausnutzung entsteht (s. Bild 1). Um den Terminanforderungen der Kunden ungefähr Rechnung tragen zu können, sind diese Lohnarbeitsbetriebe gezwungen, eine gewisse Kapazitätsreserve zu unterhalten, die zum Ende des Monats nur sehr bedingt genutzt werden kann.

Die technischen Rechenzentren dagegen haben über eine periodische Belastung ihrer Kapazität nicht zu klagen. Selbstverständlich sind auch technische Berechnungen an Termine gebunden, nur kehren diese in der Regel nicht periodisch wieder und konzentrieren sich nicht auf einen ganz bestimmten Zeitraum.

Der Vorteil der universellen Rechenzentren nun liegt darin, daß sie eine größere Maschinenkapazität für den Monatsanfang bereithalten, die sie in der zweiten Hälfte des Monats vorwiegend für technische Berechnungen ausnutzen.

Eine weitere Möglichkeit, die Lohnarbeitsbetriebe zu systematisieren, wäre die nach Lohnarbeitsbetrieben von Herstellerfirmen auf der einen und freien Lohnarbeitsbetrieben bzw. Rechenzentren auf der anderen Seite.

Die Rechenzentren bzw. Lohnarbeitsbetriebe von Herstellerfirmen dienen neben ihrem kommerziellen Zweck zur Werbung und stehen potentiellen Kunden für Vorführungen zur Verfügung. Auf diesem Wege können die Kunden die Vor- und Nachteile der Einführung neuer Datenverarbeitungssysteme in ihrem Betrieb schon vorher studieren.

1. Die Organisation des Problems
Erfahrungsgemäß erfordert die Einführung eines modernen Datenverarbeitungssystems erhebliche organisatorische Vorbereitungen, die nur von hochqualifizierten Fachkräften durchgeführt werden können. Mittlere und kleinere Betriebe können im allgemeinen solche Fachkräfte nicht ständig bzw. nicht in ausreichender Anzahl beschäftigen. Es ist also ratsam, in solchen Fällen auch die Lösung der mit der Vergabe von Datenverarbeitungsaufgaben an Rechenzentren entstehenden Organisationsprobleme den Fachleuten des Rechenzentrums zu übertragen.

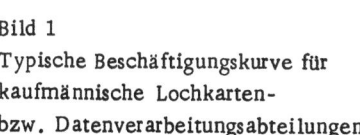

Bild 1
Typische Beschäftigungskurve für kaufmännische Lochkarten- bzw. Datenverarbeitungsabteilungen

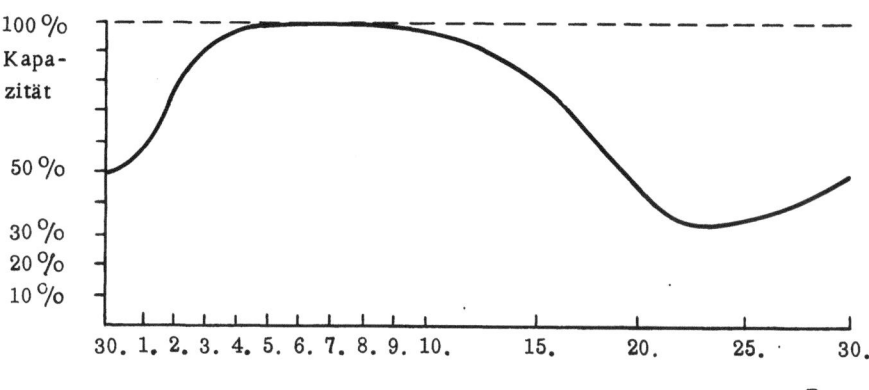

Die freien Rechenzentren und Lohnarbeitsbetriebe sind in erster Linie kommerzielle Unternehmungen, die die von ihnen gemietete bzw. gekaufte Rechenkapazität nicht zur Lösung eigener Probleme benutzen, sondern diese Kapazität mit dem dazugehörigen Bedienungspersonal gewissermaßen "vermieten", um Aufgabenstellungen für Dritte zu bearbeiten. Kleine und mittlere Betriebe, die sich keine eigene Datenverarbeitungsanlage mieten können, weil ihre Datenverarbeitungsprobleme wohl schwierig, aber nicht umfangreich genug sind, können auf diesem Wege die erforderliche Teilkapazität für ihre Datenverarbeitungsprobleme "mieten" und somit in den Vorzug der Nutzung moderner Datenverarbeitungsverfahren gelangen.

2. Benutzung von Kapazitäten benachbarter Betriebe
Als weitere Möglichkeit für das Mieten von Datenverarbeitungskapazität kommen den betreffenden Betrieben benachbarte größere Betriebe in Frage, die über Datenverarbeitungseinrichtungen der besprochenen Art verfügen. Es ist oftmals so, daß größere Betriebe Hochleistungs-Datenverarbeitungsanlagen benötigen, diese aber nicht voll ausnutzen können. Solche Betriebe sind u.U. - mit Einverständnis des Vermieters - bereit, Teile ihrer Datenverarbeitungs-Kapazität an benachbarte Betriebe zu vermieten. Solche Fälle sind bekannt, unter anderem kommt es vor, daß unter besonders günstigen Bedingungen Nachtstunden gemietet werden können.

6.2.2.2. Welche Arbeiten können vergeben werden ?

In diesem Zusammenhang soll nicht eine Aufzählung der in Frage kommenden Aufgabengebiete, sondern eine Zusammenstellung der grundsätzlichen Arbeitstypen, die mit der Vergabe von Datenverarbeitungsaufgaben an Rechenzentren auftreten, vorgenommen werden.

2. Programmierung, Codierung, Schaltung
Die Programmierung und Codierung von Rechenanlagen und die Anfertigung von Schaltungen für konventionelle Lochkartenmaschinen ist inzwischen Aufgabe von Spezialisten geworden, und es ist für Betriebe, die Datenverarbeitungsprobleme in Lohnarbeit ausführen lassen, nicht sinnvoll, solche Spezialisten im eigenen Hause zu beschäftigen.

3. Aufgabe des Bedienungspersonals
Die Maschinenkapazität in Rechenzentren kann entweder mit oder ohne Bedienungspersonal gemietet werden. Im ersten Fall spricht man von geschlossenem, im zweiten von offenem Betrieb des Rechenzentrums. Ob ein Betrieb eigenes Bedienungspersonal für die Nutzung einer auswärtigen Kapazität ausbildet und beschäftigt, ist eine Frage der Zweckmäßigkeit, die nur in Abhängigkeit von der Problemstellung beantwortet werden kann. Oftmals kann eine Kombination sinnvoll sein.

6.2.2.3. Vorteile der Arbeitsteilung auf dem Gebiet der kaufmännischen Datenverarbeitung

Die aus der Realisierung der Arbeitsteilung sich ergebenden Vorteile können nunmehr aufgrund der oben gemachten Ausführungen wie folgt zusammengefaßt werden.

1. Keine Kapazitätsreserven
Es sind keine Kapazitätsreserven an Organisatoren, Programmierern (Codierern, Schaltspezialisten), Maschinenkapazität und Bedienungspersonal erforderlich. Das wäre aufgrund der Eigenarten der kaufmännischen Datenverarbeitungsprobleme beim Betreiben einer eigenen Anlage in jedem Falle erforderlich.

2. Durchleuchtung des Betriebsgeschehens
Durch die Realisierung des Prinzips der Arbeitsteilung werden kleinere und mittlere Betriebe in die Lage versetzt, die Lücke

zu schließen, die sich durch ihre schlechtere Datenverarbeitung im Vergleich zu Großbetrieben ergibt und zwangsläufig zu einer schlechteren Transparenz des innerbetrieblichen Geschehens und des Marktes führt. Damit werden die Betriebe konkurrenzfähiger und können sich den hohen Anforderungen im Wirtschaftsgeschehen besser und schneller anpassen.

6.3. ZUSAMMENFASSUNG

Wir können zusammenfassend feststellen, daß der Lochstreifen den Schlüssel zur elektronischen Datenverarbeitung für kleine und mittlere Betriebe darstellt, der als billiger Informationsträger von Hochleistungsanlagen verarbeitet werden kann. Das Problem der relativ teuren Auswertungskapazität kann wegen der Vielseitigkeit des Lochstreifens - seiner leichten Bearbeitbarkeit, seiner geringen Kosten - mit der Inanspruchnahme von Teilkapazität in Lohnarbeitsbetrieben elegant und wirtschaftlich gelöst werden. Die Grenzen seiner Anwendbarkeit im kaufmännischen Bereich werden durch seine mangelnde Sortierfähigkeit gesteckt.

7. VERARBEITUNGSPROBLEME BEI KAUFMÄNNISCHEN AUFGABENSTELLUNGEN

Grundlage der nachfolgenden Überlegungen bilden kaufmännische, periodisch wiederkehrende Aufgabenstellungen.

7.1. EINGABE; ÜBERSICHT ÜBER DARSTELLUNGSMÖGLICHKEITEN VON DATEN IN LOCHSTREIFEN-INFORMATIONSSÄTZEN

Bei der Eingabe nimmt die Gestaltung der Lochstreifen eine zentrale Stellung ein.

7.1.1. Informationssätze mit fester Informationssatzlänge

Ein Informationssatz mit fester Länge liegt dann vor, wenn er immer eine gleiche Anzahl von Lochungen aufweist. Ein solcher fester Informationssatz (von 10 Lochungen) entsteht z.B. bei bestimmten Registrierkassen mit angeschlossenem Lochstreifenstanzer beim Registriervorgang. Die 10 Lochungen dieses Informationssatzes stellen dabei nicht einen 10stelligen Begriff dar, sondern können verschiedene Begriffe aufnehmen, je nachdem, wie die Einteilung definiert ist. Dieses Prinzip lehnt sich an die Organisation der Lochkartentechnik an.

Innerhalb eines jeden Satzes trifft man mehrere "Begriffe" an. Für jeden Begriff wird im allgemeinen eine bestimmte maximale Stellenanzahl vorgesehen. Wird diese in bestimmten Fällen nicht erreicht, so muß sie durch Auffüllen mit Nullen künstlich herbeigeführt werden. Dies erfolgt bei den meisten Büromaschinen automatisch. Es gibt allerdings auch welche, bei denen das Auffüllen mit Nullen manuell bei der Bedienung der Maschine vorgenommen werden muß.

Je nachdem, in welcher Weise der feste Informationssatz genutzt wird, kann man zwischen
1. Informationssätzen mit einfacher Konvertierung,
2. Informationssätzen mit mehrfacher Konvertierung
unterscheiden.

Zu 1
Unter einfacher Konvertierung versteht man, daß ein Informationssatz innerhalb einer gegebenen Aufgabenstellung nach einem festen Schema gegliedert ist. Aus Kontrollgründen ist es zweckmäßig, den Satzanfang zu kennzeichnen, und zwar mit einer bei der Darstellung der übrigen Begriffe nicht vorkommenden Kennlochung. Dazu ein Beispiel:

1 Stelle		Kennzeichen Satzanfang
1 Stelle	erster Begriff	z.B. Zahlungsart
2 Stellen	zweiter Begriff	z.B. Artikelgruppe
6 Stellen	dritter Begriff	z.B. DM-Betrag

Zu 2
Bei Informationssätzen fester Länge mit mehrfacher Konvertierung kann der Informationssatz nach mehreren festgelegten Gesichtspunkten untergliedert werden. In diesem Falle wird es erforderlich, ein Kennzeichen für die Unterscheidung der Gliederung, und zwar eine sogenannte Satzart, einzuführen, die gleichzeitig als Kennzeichnung für Satzanfang bzw. Satztrennung benutzt werden kann.

Wenn z.B. die unter 1. genannte Registrierkasse nicht nur zur Erfassung der Zahlungseingänge, sondern z.B. auch der Zahlungsausgänge (Bezahlung von Rechnungen während der Geschäftszeit über die Registrierkasse) benutzt wird, dann wäre es unter Umständen zweckmäßig, die Einteilung des 10stelligen Informationssatzes für diese Art des Geschäftsvorfalls anders zu gestalten als bei den Zahlungseingängen. Die Einteilung dieser beiden Satzarten würde dann etwa wie folgt aussehen:

1. Satzart

1 Stelle Satzart, Kenncode für Satzart 1, gleichzeitig Kennzeichen für Satzanfang bzw. -trennung;

1 Stelle	erster Begriff	z.B. Zahlungsart
2 Stellen	zweiter Begriff	z.B. Artikelgruppe
6 Stellen	dritter Begriff	z.B. DM-Betrag

2. Satzart

1 Stelle Satzart, Konncode für Satzart 2, gleichzeitig Kennzeichen für Satzanfang bzw. -trennung;

3 Stellen	erster Begriff	z.B. Konto bei Auszahlungen
6 Stellen	zweiter Begriff	z.B. DM-Betrag

Hieraus ergibt sich, daß die Satzarten in einem Arbeitsgebiet nicht gleich lang zu sein brauchen. Es können in einem Programm sehr wohl verschieden lange Informationssätze verarbeitet werden, jedoch müssen diese innerhalb der gleichen Satzart gleich lang sein.

Das oben genannte Beispiel könnte also dahingehend erweitert werden, daß z.B. die Satzart 2 12 Stellen anstatt der hier angeführten 10 aufweist. (Allerdings wäre dann unwahrscheinlich, daß dazu eine Registrierkasse verwandt wird, da diese, soweit bekannt ist, bislang nur gleich lange Informationssätze von fester Länge erstellen können.)

Das Wesensmerkmal "feste" oder "variable" Informationssatzlänge bezieht sich somit nur auf eine bestimmte Satzart.

7.1.2. Informationssätze mit variabler Informationssatzlänge

Informationssätze haben eine variable Informationssatzlänge, wenn sie ex definitione aus verschieden vielen Zeichen bestehen können.

Da jeder Informationssatz aus verschiedenen Begriffen und diese Begriffe wiederum aus mehreren Zeichen bestehen können, kann sowohl die Anzahl der Begriffe im Satz, als auch die Anzahl der Zeichen im Begriff schwanken.

Bei zwei Merkmalen (eben Begriffsanzahl je Satz und Zeichenanzahl je Begriff), die jeweils zwei Zustände haben können (fest oder variabel lang), gibt es insgesamt 4 verschiedene Variationsmöglichkeiten. Davon scheiden 2 für unsere Betrachtung aus, und zwar erstens der Fall, bei dem sowohl die Anzahl der Begriffe innerhalb des Satzes als auch die Anzahl der Zeichen innerhalb der Begriffe fest ist. In diesem Falle handelt es sich nämlich um Sätze fester Informationssatzlänge, die im vorigen Abschnitt schon besprochen worden sind; zweitens um die Kombination einer variablen Anzahl von Begriffen innerhalb eines Informationssatzes mit einer festen Anzahl von Zeichen innerhalb der einzelnen Begriffe. Von dieser Möglichkeit wird in der Praxis nicht Gebrauch gemacht, da sie unnötige organisatorische Vorkehrungen mit sich bringt. Wird erst eine variable Anzahl von Begriffen innerhalb eines Informationssatzes zugelassen, so ist die Kennzeichnung der einzelnen Begriffe ohnehin erforderlich, und es erübrigt sich von selbst, deren Anzahl Zeichen konstant zu halten.

Für eine eingehende Untersuchung in diesem Abschnitt verbleiben also die folgenden Fälle:
1. Konstante Anzahl Begriffe je Satz mit variabler Begriffslänge,
2. variable Anzahl Begriffe je Satz mit variabler Begriffslänge.

Zu 1

Wenn die Begriffsfolge innerhalb eines Satzes immer gleich bleibt, genügt es für die Verarbeitung dieses Satzes, daß die einzelnen Begriffe durch einen allen Begriffen gemeinsamen Trenncode voneinander getrennt werden. In einer Rechenanlage können die Begriffe dann durch ihre Stellung (gewissermaßen ihre Folgenummer) innerhalb des Informationssatzes erkannt bzw. definiert werden. Dazu ist es allerdings unbedingt erforderlich, daß gegebenenfalls fehlende Begriffe mit gekennzeichnet werden. Soll z.B. ein Informationssatz immer aus 6 bestimmten Begriffen bestehen, die in diesem Satz entweder alle oder nur zum Teil auftreten, so ist es erforderlich, das Nichtvorhandensein eines Falles auch durch ein Zeichen zu vermerken. Zum Beispiel:

Begriff a	Trenncode c1	und 518
Begriff b	Trenncode c1	und 1924
Begriff c	Trenncode c1	und 0
Begriff d	Trenncode c1	und 8
Begriff e	Trenncode c1	und 0
Begriff f	Trenncode c1	und 14

Es würde in dem vorliegenden Fall nicht genügen, die vorkommenden Fälle

Begriff a	Trenncode c1	und 518
Begriff b	Trenncode c1	und 1924
Begriff d	Trenncode c1	und 8
Begriff f	Trenncode c1	und 14

aufzuführen, da die Zahlen dann bei der Verarbeitung nicht mehr identifiziert werden können.

Zu 2

Ist die Anzahl der möglicherweise vorkommenden Fälle sehr groß, treten aber überwiegend nur wenige davon auf, so kann die Kennzeichnung der nicht vorhandenen Fälle eine Belastung bedeuten, die man gern umgehen will.

Voraussetzung ist dann, daß die vorkommenden Fälle identifizierbar gemacht werden. Um zu verdeutlichen, wie das geschehen kann, verwenden wir das obige Beispiel. Es müssen nun die Trenncodes durch Kenncodes ersetzt werden, und es ergäbe sich folgendes Bild:

Begriff a	Kenncode c1	und 518
Begriff b	Kenncode c2	und 1924
Begriff d	Kenncode c4	und 8
Begriff f	Kenncode c6	und 14

Wird ein Informationssatz in dieser Weise aufgebaut, so ist die Identifizierung jedes Begriffs gewährleistet.

7.2. DIE SPEZIELLEN VERARBEITUNGSPROBLEME VON LOCHSTREIFEN MIT ELEKTRONISCHEN RECHENANLAGEN

Bei der Behandlung dieser Fragen wird von intern programmierten Rechenanlagen ausgegangen, bei denen auch die Ausgabe über das Verarbeitungsprogramm bewerkstelligt wird. Im nächsten Punkt - Ausgabe - bleibt somit nur noch zu einigen formalen Fragen Stellung zu nehmen.

7.2.1. Voraussetzungen

Bei der Lochstreifenverarbeitung ist für gewöhnlich davon auszugehen, daß die Daten in unsortierter Folge anfallen, eingegeben und damit auch verarbeitet werden müssen. Die sortierte Eingabe bildet den Ausnahmefall. Sie kann praktisch nur vorkommen, wenn die Daten von vorbereiteten Belegen abgelocht werden und die Belege vor dem Ablochen sortiert wurden, oder wenn Lochstreifen als Zwischenergebnisse mit sortierten Daten ausgegeben werden, um in einem weiteren Durchlauf wieder verarbeitet zu werden.

Immer dann aber, wenn der Lochstreifen bei "Hauptarbeiten" als "Abfallprodukt" entsteht, werden die anfallenden Daten in unsortierter Form konserviert. So ist es z.B. bei der schon erwähnten Registrierkasse. Die Kunden kaufen die Artikel ja nicht in sortierter Folge, und jeder Kunde kann von jedem Artikel kaufen. Eine Artikel- bzw. Artikelgruppenstatistik muß also von einer unsortierten Eingabe der Daten ausgehen. Das gleiche Problem ergibt sich bei in Fakturiermaschinen anfallenden Lochstreifen. Hier wäre es noch möglich, die Urbelege für die Rechnungsschreibung eines Tages nach Kunden-Nummern zu sortieren und so eine sortierte Eingabe nach einem Gesichtspunkt (eben der Kunden-Nummer) für einen kurzen Zeitraum (hier eines Tages) zu erzeugen; doch bei den Artikeln, die in den Rechnungspositionen erscheinen, scheidet diese Möglichkeit bereits aus. Die Rechnung, die in der Regel mehrere Positionen enthält, kann die unterschiedlichsten Artikel aufnehmen. Will man nun eine Artikelstatistik haben, müssen die Rechnungspositionen nach Artikel-Nummern sortiert werden. Eine Möglichkeit zur Vorsortierung besteht hier aber nicht mehr. Da die Verarbeitung sortierter Eingabewerte von Lochstreifen außer den im vorigen Abschnitt aufgezeigten Kennzeichnungsproblemen keine speziellen Verarbeitungsprobleme aufruft, sollen im folgenden nur die bei unsortierter Eingabe auftretenden Verarbeitungsfragen und Lösungswege erörtert werden.

7.2.2. Verarbeitung bei "ausreichendem" Speicher

Bei der Besprechung der Sortierbarkeit von Lochstreifen und Lochkarte wurde bereits festgestellt, daß die fehlende körperliche Sortierbarkeit des Lochstreifens bei der Benutzung von Rechenanlagen unbedeutend ist, wenn die Sortierung im internen Speicher der Rechenanlage bei der Verarbeitung vorgenommen werden kann. Unter einem "ausreichendem" Speicher soll hier ein Speicher verstanden werden, der die Sortierung in einem Maschinendurchlauf der Daten durchzuführen gestattet. Hierbei kann grundsätzlich zwischen drei Verfahren unterschieden werden:

1. Speicherung der Daten ohne Kennbegriff nach maximal möglichen Schlüsselbegriffen;
2. Speicherung der Daten ohne Kennbegriff nach möglicherweise auftretenden Schlüsselbegriffen;
3. Speicherung der Daten mit Kennbegriff nach effektiv vorkommenden Schlüsselbegriffen.

Zu 1

Verfügt z.B. eine Rechenanlage über 5 000 zehnstellige Speicherplätze, von denen 1 000 für Programm, Arbeitsspeicher usw. benötigt werden, so stehen 4 000 zehnstellige Worte für die Sortiersimulation zur Verfügung. Sollen aus den in den Lochstreifen unsortiert gespeicherten Daten - z.B. Daten der Rechnungsschreibung - Verkaufsstatistiken angefertigt werden, so müssen alle wesentlichen Daten dieser Auswertungen auf den 4 000 Plätzen untergebracht werden können. Nehmen wir an, daß 3 Auswertungen anzufertigen sind, die alle den Bruttoumsatz, und zwar

a je Vertreter nach Artikelgruppen,
b je Abnehmergruppe nach Artikelgruppen,
c nach Artikelgruppen

gegliedert, ausweisen sollen, so benötigt man für
Auswertung a: Wenn die Vertreter mit einer Dezimalstelle (Vertreter-Nummer 0 - 9, ergibt 10 Kennziffern bzw. Möglichkeiten der Verschlüsselung) und die Artikelgruppen mit 2 Stellen (Artikelgruppen-Nummer 00 - 99, ergibt 100 Möglichkeiten) verschlüsselt sind, 10 · 100 = 1 000 Speicherplätze (vorausgesetzt, daß das Ergebnis von einem zehnstelligen Speicherplatz aufgenommen werden kann);
Auswertung b: Wenn die Abnehmergruppe ebenfalls mit 1 Stelle verschlüsselt ist, wiederum 10 · 100 = 1 000 Speicherplätze;
Auswertung c: 100 Speicherplätze. Da jedoch Auswertung c aus Auswertung a bzw. b entwickelt werden kann, können praktisch alle 3 Auswertungen auf 2 000 Speicherplätzen untergebracht werden. Die 4 000 zur Verfügung stehenden Plätze sind nur zur Hälfte genutzt.

Bemerkenswert an dieser Verarbeitungsart ist, daß für alle maximal vorkommenden Fälle ein Platz vorgesehen wird. Bei der Kombination einer einstelligen und einer zweistelligen Schlüsselzahl gibt es maximal nur 10 · 100 Möglichkeiten, wenn jeder Schlüsselbegriff mit jedem kombiniert wird. In diesem Fall kann die Kombination der Schlüsselbegriffe unverändert als Adresse für die Adressierung benutzt werden. Es würde also auf dem Speicherplatz 435 der Umsatz des Vertreters Nr. 4 gespeichert werden, den er in der betreffenden Abrechnungsperiode mit Artikeln der Artikelgruppe 35 erzielt hat.

Wollte man die Abnehmergruppenstatistik (Auswertung b) anschließend an die Vertreterstatistik speichern, so könnten auch hier die kombinierten Ordnungsbegriffe plus 1 000 verwandt werden. Sollten sie an den Schluß des Speichers, so müßten sie um 4 000 erhöht werden.
Der Speicherplan würde dann folgende Gliederung aufweisen:

Adresse Nr.	0 - 999	1 000 - 1 999	2 000 - 2 999	3 000 - 3 999	4 000 - 4 999
0	Umsatz Vertreter 0 und Artikel 0	Umsatz Abnehmergruppe 0, Artikel 0			
1	Umsatz Vertreter 0 und Artikel 1	Umsatz Abnehmergruppe 0, Artikel 1			
2	Umsatz Vertreter 0 und Artikel 2	Umsatz Abnehmergruppe 0, Artikel 2			
3	Umsatz Vertreter 0 und Artikel 3	Umsatz Abnehmergruppe 0, Artikel 3	frei	frei	Programm
.	.	.			
998	Umsatz Vertreter 9 und Artikel 998	Umsatz Abnehmergruppe 9, Artikel 998			
999	Umsatz Vertreter 9 und Artikel 999	Umsatz Abnehmergruppe 9, Artikel 999			

Bild 2

Zu 2

Nicht immer läßt sich das Speicherungsproblem und damit die interne Sortierung so einfach wie im obigen Beispiel lösen. Erweitern wir das obige Beispiel nur um eine Stelle - und zwar in den Abnehmergruppen - so ergibt sich nach dem obigen Verfahren - vgl. a - folgender Speicherbedarf:

Auswertung a: 10 · 100 = 1 000 Plätze,
Auswertung b: 100 · 100 = 10 000 Plätze,
Auswertung c: aus Auswertung 1 entwickelbar.

In dem unterstellten Fall könnten in der angenommenen Maschine mit 5 000 Plätzen die maximal nach dem Schlüssel auftretenden Fälle (11 000) nicht untergebracht werden.

Es wäre dann zu fragen, wie der maximale Schlüssel tatsächlich besetzt ist. Gibt es tatsächlich von den 10 möglichen Vertretern nur 8 und von den maximal möglichen 100 Abnehmergruppen nur 20 (natürlich brauchen auch nicht alle Artikelgruppen besetzt zu sein; hier wird das aber zunächst unterstellt), dann ergibt sich für alle möglicherweise auftretenden (besetzten) Schlüsselbegriffskombinationen folgender Speicherbedarf:

Auswertung a: 8 · 100 = 800 Plätze,
Auswertung b: 20 · 100 = 2 000 Plätze,

insgesamt also 2 800 Plätze, da Auswertung c wiederum abgeleitet werden kann.

Während beim ersten Verfahren auch Plätze für zunächst nicht vorkommende Fälle vorgesehen waren und der Schlüssel somit ohne Programmänderung Neubesetzungen aufnehmen könnte, ist das bei dem vorliegenden nicht ohne weiteres möglich. Auch die Adressierung ist hier mit zusätzlichen Komplikationen belastet. Solange jedoch für jede möglicherweise auftretende Umsatzart (das gilt auch allgemein), d.h. für jede mögliche Kombination von Vertreter-Nummer und Artikelgruppen-Nummer sowie für Abnehmergruppen-Nummer und Artikelgruppen-Nummer, ein Platz vorgesehen ist, können die Speicheradressen für jede mögliche Kombination und umgekehrt auch die zu einem gespeicherten Umsatz gehörenden Ordnungsbegriffe aus der Schlüsselbelegung errechnet werden (Adressenrechnen - unter Umständen nach sehr komplizierten Anweisungen und langen Hilfstabellen). Damit ist aber jeder gespeicherte Umsatz durch seine Lokalisierung im Speicher definiert, und es erübrigt sich sowohl beim ersten Verfahren, als auch beim vorliegenden, die dazugehörigen Ordnungsbegriffe zu speichern. Der Speicherplan würde dann folgende Gliederung aufweisen:

0 - 999	1 000 - 1 999	2 000 - 2 999	3 000 - 3 999	4 000 - 4 999
Vertreter-Statistik	Abnehmer-Gruppen-Statistik	Abnehmer-Gruppen-Statistik	frei	Programm
frei				

Wenn von den möglichen 100 Schlüsselzahlen des Abnehmergruppenschlüssels nicht die aufeinanderfolgenden Zahlen 00 - 19 besetzt sind, sondern z.B. die Zahlen 00, 01, 02, 11, 12, 30, 31, 32, 33, 34, 50, 51, 52, 60, 61, 70, 80, 81, 82, dann wird klar, daß die Adressierung des Speicherraums 1 000 bis 2 999 (2 000 Plätze für Auswertung b) mit einigem Programmierungsaufwand verbunden ist.

Zu 3

Erweitern wir das obige Beispiel wiederum an einer Stelle im Sinne des unter 2. geschilderten Verfahrens und nehmen an, daß sich die Zahl der Abnehmergruppen auf 30 und der tatsächlich eingesetzten Vertreter auf 12 erhöht, so ergibt sich nach dem Verfahren 2. folgender Speicherbedarf:

Auswertung a: 12 · 100 = 1 200 Plätze,
Auswertung b: 30 · 100 = 3 000 Plätze,

insgesamt also 4 200 Plätze.

Damit ist der tatsächlich für alle möglicherweise auftretenden Fälle benötigte Speicherraum größer als der verfügbare. Um jetzt noch die Verarbeitung in einem Durchlauf bewältigen zu können, müßte geprüft werden, ob in einer Auswertungsperiode tatsächlich alle möglichen Fälle vorkommen. Ist das nicht der Fall, könnten die tatsächlich vorkommenden Fälle im Speicher so eingeordnet werden, daß der Speicherraum voll ausgenutzt wird und in der Statistik keine Leerstellen für möglicherweise, aber nicht tatsächlich auftretende Fälle entstehen.

Wieviel Fälle tatsächlich auftreten, kann nur statistisch ermittelt und nur mit einer bestimmten Wahrscheinlichkeit angenommen werden. Nehmen wir in unserem Beispiel an, daß die Auswertungen monatlich angefertigt werden und die Kunden im Monat durchschnittlich bis zu 40 % des Sortiments (der Artikelgruppen) bestellen, so wirkt sich das in Bezug auf den Speicherplatzbedarf wie folgt aus:

Auswertung a: 12 · 40 = 480 Plätze,
Auswertung b: 30 · 40 = 1 200 Plätze,

insgesamt also 1 680 Plätze.

Da man aber bei diesem Verfahren den gespeicherten Umsatz nicht mehr durch die Adresse des Speicherplatzes identifizieren kann (die Daten werden ja unsortiert eingegeben, und man weiß vorher nicht, welche Fälle tatsächlich auftreten), muß man außer dem Umsatz auch noch den dazugehörigen Ordnungsbegriff speichern. Damit werden je auftretendem Fall 2 Speicherplätze benötigt (wenn man annimmt, daß Ordnungsbegriff und zugehöriges Datum nicht in ein Wort passen), so daß sich im vorliegenden Falle der Speicherplatzbedarf auf insgesamt 3 360 erhöht. (Wie man leicht sieht, erhöht sich bei Rechenanlagen mit variabler Wortlänge der Speicherbedarf bei diesem Verfahren stets, da es ja die Möglichkeit, zwei Begriffe in einem Wort zu speichern, hier nicht gibt.)

Bild 3

Im vorliegenden Fall also läßt sich das Problem noch gut in einem Durchlauf bewältigen. Es besteht sogar noch eine Reserve von 16 %, die extreme Streuungen aufnehmen kann. In jedem Fall aber wird ein Verarbeitungsprogramm nach diesem Verfahren den "Überlauf" des Speichers vorsehen müssen. Auch die Verkürzung der Abrechnungsperioden wirkt sich bei diesem Verfahren günstig aus.

Grundsätzlich kann man bei diesem Verfahren die tatsächlich vorkommenden Fälle in der Reihenfolge ihres Anfalles einspeichern oder aber jeden neu auftretenden Fall sofort im Sinne einer Sortierung in die bereits vorliegenden Fälle einordnen. Beim ersten Verfahren muß das gespeicherte und verdichtete Datenmaterial nach dem Einlesen des letzten Falles vor oder während der Ausgabe sortiert werden. Beim zweiten Verfahren kann die Ausgabe zwar der Reihe nach, Speicherplatz auf Speicherplatz, erfolgen; es tritt dann aber während der Verarbeitung ein unter Umständen recht beachtlicher Zeitaufwand für erforderliche Umspeicherungen auf.

7.2.3. Verarbeitung mit "nicht ausreichendem" Speicher

Entsprechend zum vorigen Abschnitt wird hier unter einem "nicht ausreichenden" Speicher ein Speicher verstanden, in dem die notwendige Sortiersimulation nicht in einem Maschinendurchlauf bewältigt werden kann.
Der fehlende Speicherraum kann nur durch mehrere Maschinendurchläufe ausgeglichen werden. Hierbei könnte man zwei grundsätzliche Verfahren unterscheiden:
1. Verarbeitung mit vorbestimmter Anzahl von Durchläufen,
2. Verarbeitung mit unbestimmter Anzahl von Durchläufen.

Zur Veranschaulichung soll wieder das oben mehrfach gebrauchte Beispiel entsprechend abgewandelt werden. Um die Erklärung zu vereinfachen, wird angenommen, daß nur eine Statistik anzufertigen ist, und zwar die Vertreterstatistik. Die Umsätze je Vertreter sollen aber nicht wie bisher nach Artikelgruppen, sondern nach Einzelartikeln unterteilt werden. Unterstellt man, daß je Artikelgruppe durchschnittlich 7 Einzelartikel vorkommen, so ergibt sich bei 100 Artikelgruppen und 12 Vertretern ein Speicherbedarf von $12 \cdot 100 \cdot 7 = 8400$ Plätzen. Bei einem zur Verfügung stehenden Speicher von 4000 Plätzen werden 3 Durchläufe erforderlich. In jedem Durchlauf werden alle Daten gelesen und jeweils die für eine Teilstatistik vorgesehenen Daten herausgefiltert. Dabei ist es unerheblich, ob in jedem Durchlauf die vollständige Statistik für jeweils 4 Vertreter gemacht wird oder ob die Einteilung $5 + 5 + 2$ vorgenommen wird.

Der Vorteil dieses Verfahrens ist, daß nach jedem Durchlauf ein vollständiges Teilstück der Auswertung erstellt ist. Nach dem letzten Durchlauf liegt das gewünschte Ergebnis vollständig vor.

Der Nachteil ist, daß alle Daten mehrmals gelesen werden müssen. Schematisch läßt sich dieses Verfahren wie folgt darstellen:

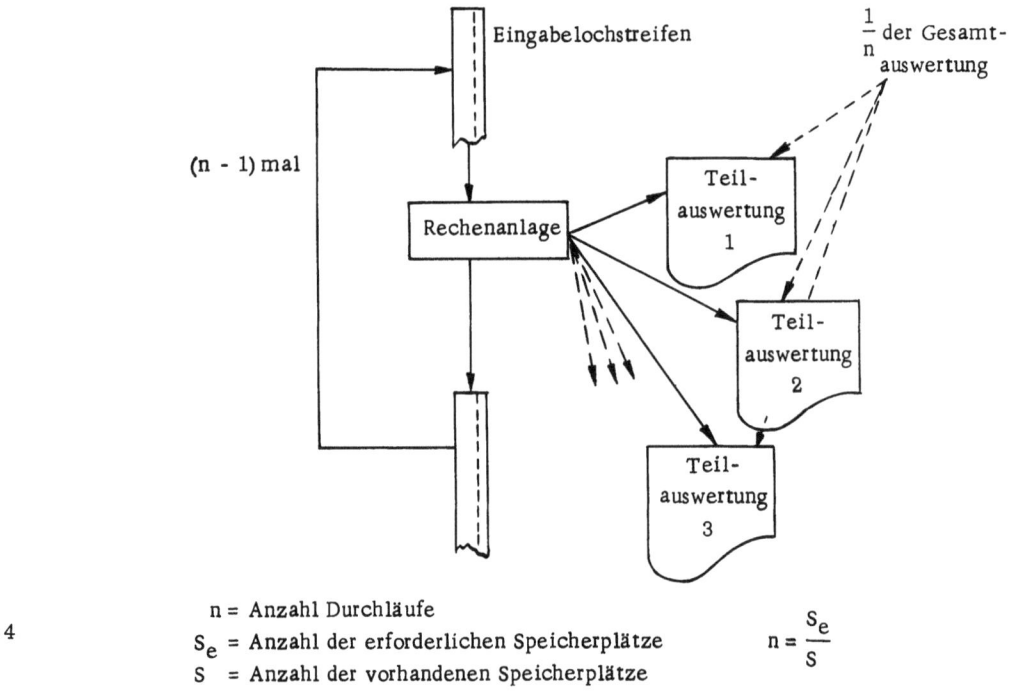

Bild 4

n = Anzahl Durchläufe
S_e = Anzahl der erforderlichen Speicherplätze
S = Anzahl der vorhandenen Speicherplätze

$n = \dfrac{S_e}{S}$

Zu 1

Bei diesem Verfahren wird der fehlende Speicherraum praktisch durch die mehrmalige Anwendung des unter 7.2.2./2. geschilderten Verfahrens ausgeglichen. Dabei wird die Anzahl der möglicherweise vorkommenden Fälle in so viele Teile geteilt, daß die Teilanzahl den verfügbaren Speicher ausfüllt. Für jede Teilanzahl wird ein Maschinendurchlauf erforderlich, in dem die Daten gelesen werden müssen. Dabei werden über das Programm bei der Verarbeitung die von einer Teilanzahl eingeschlossenen Fälle herausgefiltert und zu einer Teilstatistik verarbeitet. Diese ist in sich vollständig, da alle zu ihrem Bereich gehörenden Fälle bearbeitet worden sind.

Zu 2

Bei diesem Verfahren wird der fehlende Speicherraum praktisch durch die mehrmalige Anwendung des unter 7.2.2./3. geschilderten Verfahrens ausgeglichen. Dabei werden vom Eingabestreifen alle nacheinander eingelesenen Fälle hintereinander nach dem besagten Verfahren so lange eingelesen und verarbeitet, bis der verfügbare Speicher gefüllt ist. Danach wird die bis dahin entstandene Auswertung in Lochstreifen ausgestanzt und der Eingabestreifen, wie oben bereits geschildert, weiter verarbeitet. Es kann sein, daß sich der Speicher wiederum füllt und ausgestanzt werden muß, und das so lange, bis einmal der verbleibende Rest des Eingabelochstreifens vollständig verarbeitet ist. Die ausgestanzten Teilauswertungen müssen nun mit einem besonderen Programm nach dem im vorigen Abschnitt besprochenen Verfahren vereinigt werden.

Wendet man das beschriebene Verfahren auf das obige Beispiel an und nimmt vereinfachend an, daß Ordnungsbegriff und Umsatz (z.B. nur ganze DM-Beträge) in ein Wort passen, so kann es durchaus sein, daß die Aufgabe in zwei Verarbeitungsschritten (Ausstanzen der Zwischenergebnisse und anschließende Vereinigung) bewältigt werden kann. Das ist sicher der Fall, wenn die Anzahl der tatsächlich auftretenden Fälle 8 000 nicht übersteigt.

Der Vorteil des Verfahrens liegt darin, daß der Eingabelochstreifen nur einmal gelesen werden muß und der Speicher der Rechenanlage gut ausgenutzt wird.

Nachteilig ist, daß die Zwischenergebnisse über ein besonderes Programm nochmals verarbeitet werden müssen. Dadurch entsteht Programmierungsaufwand und Aufwand an Maschinenzeit.

Schematisch läßt sich dieses Verfahren folgendermaßen darstellen:

steigender Anzahl Maschinendurchläufe rasch sinkende Wirtschaftlichkeit des Verfahrens gegeben. Da die Anzahl Maschinendurchläufe so gut wie ausschließlich von der Anzahl (vorkommender) Ordnungsbegriffe abhängt, läßt sich diese als qualitatives Kriterium für die Wirtschaftlichkeit des Einsatzes von Lochstreifen als Datenträger ansehen. Verfügt z.B. eine Rechenanlage über 5 000 (für die Sortierung freie) Speicherplätze, gibt es aber in einem bestimmten Problem 50 000 Ordnungsbegriffe, die zu 90 % in jeder Auswertungsperiode vorkommen, so sind theoretisch 18 bzw. - wenn Ordnungsbegriff und Meßwert in ein Maschinenwort passen - 9 Maschinendurchläufe erforderlich. Das dürfte sicherlich als nicht mehr sinnvoll anzusehen sein. Noch ungünstiger wird das Verhältnis von Aufwand und Nutzen, wenn man Arbeiten vom Typ der Bestandsrechnung (Anfangsbestand plus Zugang minus Abgang gleich Endbestand) mit Lochstreifen ausführt, da sich hier - wegen des zusätzlichen Einlesens des Vortragsstreifens - der Aufwand mehr als verdoppelt. - Sämtliche hierin gemachten Ausführungen beziehen sich auf Rechenanlagen ohne Großraumspeicher.

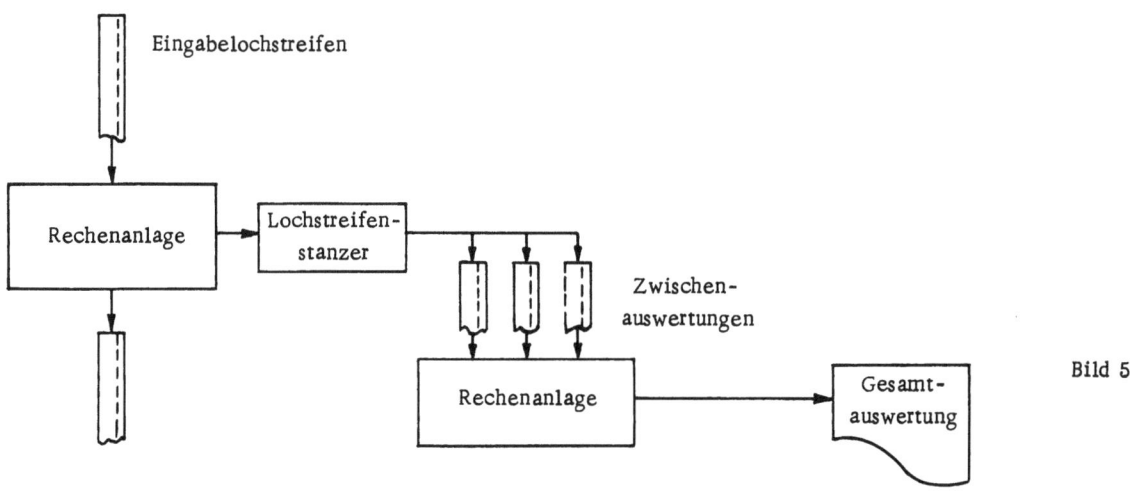

Bild 5

Welchem dieser beiden Verfahren in der Praxis der Vorzug zu geben ist, läßt sich nicht generell beantworten. Im übrigen gibt es bei der Verarbeitung mit "nicht ausreichendem" Speicher noch andere Verfahren, die hier nicht im einzelnen besprochen werden sollen (vgl. dazu auch den Beitrag von H. K. Schuff: "Der Lochstreifen als Informationsträger", 5.3.: Probleme der Verarbeitung).

7.2.4. Die Grenzen der Verarbeitung mit Lochstreifen als Datenträger

Die Ausführungen im vorigen Abschnitt haben implizit schon die Grenzen der Lochstreifenverarbeitung aufgezeigt. Wir haben gesehen, daß man grundsätzlich - indem man eben ausreichend viele Durchläufe vornimmt - beliebig viele Ordnungs begriffe, die sich unsortiert auf einem Lochstreifen befinden, auf einer elektronischen Rechenanlage verarbeiten (und dabei eine Sortiersimulation vornehmen) kann. Die Grenze, an der dieses Verarbeitungsprinzip nicht mehr sinnvoll ist, läßt sich dementsprechend auch nicht genau ziehen. Nichtsdestoweniger ist sie im einzelnen Fall qualitativ immer durch die mit

7.3. DIE AUSGABE BEI LOCHSTREIFEN VERARBEITENDEN RECHENANLAGEN

Grundsätzlich findet man hierbei die gleichen Probleme wie bei allen anderen Datenverarbeitungsaufgaben. Sie werden hier von der technischen Ausrüstung der Rechenanlage in der Ausgabe bestimmt. Da bei Anlagen der besprochenen Art meist kein Schnelldrucker vorhanden ist, kann man die Ergebnisse entweder on-line (z.B. auf einer Schreibmaschine) oder off-line (z.B. über einen Schnellstanzer auf einem Fernschreiber) in Klarschrift anfallen lassen. Das zweite Verfahren ist bei größerem Umfang der Ergebnisse vorzuziehen, da es wesentlich schneller ist als das erste und somit die Rechenanlage weniger lange blockiert.

Programmierungstechnisch ist es, besonders im zweiten Fall, da bei sehr schnellen Lochstreifenstanzern immer die Gefahr von Stanzfehlern besteht, sehr nützlich, die errechneten, im Kernspeicher stehenden Ergebnisse zerstörungsfrei auszugeben, damit gegebenenfalls der Ausgabevorgang wiederholt werden kann. Für das Ausschreiben von auf Lochstreifen befindlichen Ergebnissen mit Fernschreibern ist es unbedingt erforderlich,

(SEITE 1)

ASTADT, 2.8.63

FA.
MAX MUELLER U. CO

99 VORORTERODE

UNSERE AUFTRAGSNUMMER: 0471100

AUSWERTUNG FUER DEN MONAT JULI 1963

FEHLKONTIERUNG :

FEHLERART	FAKTURENNUMMER	PREIS	PREIS
2	25498		
8	25550	191.36	182.15
11	81235		
2	25635		
8	25660	0.40	105.64
8	25671	518.25	461.67
8	25676	248.36	319.88
8	25684	0.40	33.40
8	25690	90.82	86.86
8	25768	0.40	73.90
8	25784	189.68	185.72
8	25790	0.40	67.13
8	25835	0.40	83.18
8	25836	0.40	61.36
7	25891	2393.88	2393.89
8	25968	239.73	506.13
8	25983	0.40	83.50
2	26003		

(SEITE 3)

WARENABGANGSLISTE

ARTIKEL	BETRAG	MENGE
10000	+ 167.00	+ 25.00
10	+ 167.00	
11101	+ 91842.96	+ 13945.50
11110	+ 167.00	+ 25.00
11111	+ 116681.80	+ 17516.00
11117	+ 33.40	+ 5.00
11141	+ 4505.97	+ 704.50
11151	+ 296.25	+ 64.00
11	+ 213527.38	
13101	+ 2513.00	+ 1202.50
13102	+ 1386.00	+ 661.00
13103	+ 1103.90	+ 610.00
13111	+ 4967.10	+ 1995.00
13112	+ 14292.75	+ 6629.75
13113	+ 3369.35	+ 1815.00
13141	+ 1039.10	+ 380.00
13142	+ 795.65	+ 334.50
13310	+ 23.04	+ 12.00
13	+ 29489.89	
14201	+ 171.90	+ 137.50
14202	+ 118.08	+ 92.25
14205	+ 600.60	+ 404.00
14301	+ 162.80	+ 11.00
14311	+ 450.18	+ 366.00
14312	+ 342.24	+ 552.00
14321	+ 26.50	+ 5.00
14322	+ 53.65	+ 20.00
14331	+ 807.65	+ 29.00
14341	+ 238.92	+ 36.00
14401	+ 20.10	+ 3.00
14402	+ 347.10	+ 39.00
14403	+ 466.20	+ 420.00
14404	+ 31.20	+ 3.00
14405	+ 25.86	+ 3.00

(SEITE 19)

VERTRETERABRECHNUNG

VERTRETER 11 JULI 1963

ART	UMSATZ	PROVISION
0	+ 129.50	+ 0.65
1	+ 4471.46	+ 44.71
2	+ 60406.67	+ 1208.13
3	+ 2053.33	+ 61.60
4	+ 88.20	+ 3.53
5	+ 34.56	+ 1.73
6	+ 3143.25	+ 5.18
7	+ 26384.74	+ 112.31
8	+ 0.00	+ 0.00
9	+ 486.05	+ 0.00
	+ 97197.76	+ 1115.83

2369 RECHNUNGEN
7687 POSITIONEN

BEARBEITER: RECHENZENTRUM ASTADT

daß bestimmte Ausgabekonventionen eingehalten werden; man bedient sich dazu am zweckmäßigsten einer Standardroutine. Die Seiten 32 bis 34 zeigen einige Blätter einer nach einer solchen Standardroutine ausgegebenen Auswertung. Es handelt sich hierbei um Teile einer Verkaufsdatenauswertung von Lochstreifen, die in einer Fakturiermaschine anfallen.

Ein spezielles Problem bei der Ausgabe mit Lochstreifen entsteht bei Arbeiten vom Typ der Lagerbestandsrechnung. Es ist hier nötig, neben der periodischen (z.B. monatlichen) Auswertung, die im Endeffekt in Klarschrift vorliegen muß, einen Vortragsstreifen zu stanzen, der, mit anderen Monatsergebnissen zusammengefaßt, zu Auswertungen über einen längeren Zeitraum benutzt wird. Man könnte z.B. die Ausgabe der monatlichen Ergebnisse auf der Schreibmaschine vornehmen und nur den Vortrag in Lochstreifen stanzen. Im allgemeinen wird man jedoch das insgesamt (auf die Benutzung der Rechenanlage bezogen) schnellere Verfahren wählen, das wiederum im allgemeinen in der Ausgabe mit einem Schnellstanzer besteht. Im übrigen gibt es bei diesen Arbeiten, sofern sie keine echte Bestandsführung verlangen, noch die Möglichkeit, die einzelnen (Monats-)Eingabestreifen, z.B. am Ende eines Jahres, alle noch einmal durchlaufen zu lassen und so eine Jahresauswertung zu erstellen. Bei diesem Verfahren, das die Ausgabe bei den einzelnen Monatsauswertungen entlastet, wächst jedoch die Einlesezeit (die die gesamte Maschinen-Benutzungszeit entscheidend bestimmt) proportional an. Man wird alo im gegebenen Fall eingehend zu prüfen haben, welches Verfahren angewendet werden soll.

8. ANWENDUNGSBEISPIELE

Im folgenden werden zwei Beispiele der Anwendung von Lochstreifen erstellenden Büromaschinen mit Auswertung in einem kommerziellen Rechenzentrum beschrieben. Die Beispiele sind nicht fingiert.

8.1. DIE ANWENDUNG EINER LOCHSTREIFEN ERSTELLENDEN FAKTURIERMASCHINE

Beim hier beschriebenen Einsatzbeispiel einer Lochstreifen erstellenden Fakturiermaschine handelt es sich um eine Großhandelsfirma, die Auto-Ersatzteile vertreibt.
Monatlich werden etwa 3 500 bis 4 000 Rechnungen mit durchschnittlich 4 Positionen geschrieben. Das entspricht einer zu verarbeitenden Zeichenmenge von etwa 480 000.
Das Artikelsortiment umfaßt ca. 18 000 Artikel, die in ca. 100 Hauptgruppen und 50 "zusammengefaßten Hauptgruppen" gruppiert sind.
Die Firma hat etwa 700 Kunden, und es gibt 5 Vertreterbezirke plus zwei Versandbezirke.

Bei der Fakturierung wird abgelocht:

1. Kopf
   a) Rechnungsnummer 6 Stellen
   b) Kundennummer 5 Stellen; 1.Stelle Bezirk, 2. und 3. Stelle Kundengruppe, 4. und 5. Stelle laufende Kundennummer
   c) Versand 4 Stellen; 1. und 2. Stelle Versandart, 3. Stelle Frankatur, 4. Stelle Verpackung

2. Artikelzeile
   a) Einstandspreis (erscheint nicht in Klarschrift auf der Rechnung) 3/2 Stellen (ohne Komma)
   b) Artikelnummer 4 Stellen; 1. und 2. Stelle Hauptgruppe
   c) Menge 4 Stellen
   d) Verkaufspreis 3/2 Stellen (ohne Komma)
   e) Rabattfaktor 2/2 Stellen (ohne Komma)

3. Zuschläge und Abzüge 4/2 Stellen (ohne Komma)

4. Endsumme 6/2 Stellen (ohne Komma).

Bei den Auswertungen handelt es sich um Kombinationen zwischen rein periodischen und kumuliert periodischen Statistiken. Infolgedessen ist das Lesen eines alten und Stanzen eines neuen Vortragsstreifens erforderlich.
Im einzelnen werden erstellt:

1. Umsatzstatistik
Je Bezirk wird nach "zusammengefaßten Hauptwarengruppen" ausgegeben:
Menge (Stückzahl) des Monats und insgesamt bis zum Vormonat;
Nettowert des Monats und insgesamt bis zum Vormonat;
Rohgewinn des Monats und insgesamt bis zum Vormonat;
Prozentanteil am Gesamt-Nettoumsatz des Monats und insgesamt bis zum Vormonat.

2. Versandartenstatistik
Je Versandart Zahl der Rechnungen und Nettoumsatz des Monats.

3. Gesamtkundenstatistik
Je Kunde der Nettoumsatz des Monats und insgesamt bis zum Vormonat; bei Gruppenwechsel (Bezirk) wird eine Zwischensumme ausgegeben.

4. Einzelkundenstatistik
Für ca. 200 von der betreffenden Firma angegebene Kunden werden mengen- und wertmäßiger Umsatz nach je ca. 10 einzelnen "zusammengefaßten" Hauptwarengruppen, Hauptwarengruppen bzw. sogar Einzelartikeln ausgegeben.
Für die angegebenen Auswertungen und die weiter oben angeführten Datenmengen werden im konkreten Fall einer Rechenanlage mit insgesamt 8 092 Speicherplätzen zwei Durchläufe gebraucht.

8.2. DIE ANWENDUNG EINER LOCHSTREIFEN ERSTELLENDEN REGISTRIERKASSE

In einem großen Textilhaus wird eine Lochstreifen erstellende Registrierkasse eingesetzt. Neben ihrer eigentlichen Funktion - der Registrierung der Verkäufe - werden auf ihr auch die Wareneingänge, Soll-Verkaufspreise der Wareneingänge, Retouren, Kreditverkäufe, bezahlte Rechnungen, Rabatte und Umzeichnungen erfaßt.

Monatlich fallen etwa 5 000 "Rechnungen" mit durchschnittlich 4 Positionen an. Das entspricht hier einer zu bearbeitenden Zeichenmenge von etwa 400 000.
Das Artikelsortiment umfaßt 100 einzelne Artikel.
Die Informationssätze von jeweils 10 Pentaden (es wird ein 5-Kanal-Lochstreifen verwandt) sind in 4 Satzarten unterteilt:
1. Nummer,
2. Teilposten,
3. Nullstellung,
4. Bandanfang bzw. Bandende.

Die Unterscheidung dieser 4 Satzarten erfolgt durch ein bestimmtes Symbol in der ersten Pentade. Die Redundanz ist sehr groß, da von 32 möglichen Symbolen (einschließlich "blanko") nur 4 erlaubt sind. Die einzelnen Satzarten bedeuten:

Nummer: Es wird kein Zählwerk in der Kasse angesprochen, folglich sind hierin Ordnungsbegriffe enthalten, hier meist Artikel-Nummern (2stellig);

Teilposten: Es werden Zählwerke angesprochen, folglich sind hierin Beträge enthalten, hier meist DM-Beträge;

Nullstellung: Es werden die Tagessummen der einzelnen Zählwerke ausgegeben;

Bandanfang
bzw. -ende: Erklären sich selbst.

Die zweite und dritte Pentade eines jeden Satzes enthält die sogenannten Wählerbanken, die man auch als spezielle

Satzarten bezeichnen kann. Im einzelnen bedeuten die Wählerbänke:

01	Warenausgang,
02	Wareneingang,
03	Wareneingang zu Sollpreisen,
04	Retouren,
50	Kreditverkäufe,
60	bezahlte Rechnungen,
70	Rabatt bzw. Umzeichnungen,
81	Mehrzettel.

Die restlichen 7 Pentaden nehmen, wie gesagt, Ordnungsbegriffe bzw. DM-Beträge auf.

Mit Ausnahme der Wählerbänke 50 (Kreditverkäufe) und 60 (bezahlte Rechnungen) sowie der Gangarten 3 (Nullstellung) und 4 (Bandanfang bzw. Bandende) bilden immer 2 Teilsätze einen Informationssatz, und zwar stets in der Reihenfolge: Nummer, Teilposten.

Die Auswertungen sind, wie aus den obigen Angaben hervorgeht, rein wertmäßig. Im einzelnen umfassen sie:

1. Warenausgangsstatistik
Umsatz und Prozentanteil am Umsatz je Artikel

2. Wareneingangsstatistik
Einkaufwert je Artikel

3. Wareneinkauf zu Sollerlösen
Wareneinkauf zu kalkuliertem Sollerlös je Artikel

4. Retouren
Diese werden nicht explizit ausgegeben, sondern programmintern von der Warenausgangsstatistik abgezogen.

5. Kreditverkäufe
Hierbei werden nur global die Anzahl Kreditverkäufe und der Gesamtbetrag ausgewiesen

6. Bezahlte Rechnungen
Analog zu 5.

7. Rabatt
Gemäß den 4 verschiedenen Rabattarten werden die Summen der gewährten Rabatte je Rabattart ausgegeben. Die Rabatte werden darüber hinaus programmintern je A r t i k e l aus der Warenausgangsstatistik herausgenommen.

8. Umzeichnungen
Die Umzeichnungen werden artikelweise mit ihren Beträgen ausgegeben.

Bei Rabatten und Umzeichnungen, die ja die gleiche Wählerbank aufweisen, ist eine bestimmte Pentade als zusätzliche Satzart definiert. Ein ähnliches Verfahren wird übrigens für die Kennzeichnung von Stornoregistrierungen verwendet.

Die Wählerbank 81 (Mehrzettel) ist der Wählerbank 01 (Warenausgang) gleichwertig. Sie besagt nur, daß ein Kunde "mehrere Zettel" aus verschiedenen Abteilungen vorlegt. Dieser Fall ist dadurch bedingt, daß es in besagtem Textilhaus nur eine zentrale Kasse (mit der Lochstreifen erstellenden Registrierkasse nämlich) gibt.

9. ZUSAMMENFASSUNG

Der Lochstreifen ist in Deutschland heute noch als Datenträger in informationsverarbeitenden Systemen unterbewertet. Schuld daran ist sicherlich die mangelnde Aufklärung über seine Verwendbarkeit bei möglichen Benutzern sowie den Herstellern von Büromaschinen, die mit einem Lochstreifenstanzgerät gekoppelt werden können. Sachlich wird als Argument gegen den Lochstreifen oft dessen fehlende körperliche Sortierbarkeit angeführt. Dieses Argument ist jedoch nur begrenzt stichhaltig. Der Lochstreifen kann als Datenträger sehr elegant erfaßt werden durch parallelen Anfall in mit Lochstreifenstanzern gekoppelten Büromaschinen im Zuge der Hauptarbeiten. Die Verarbeitung solcher Lochstreifen muß allerdings mit elektronischen Rechenanlagen vorgenommen werden. Es gibt jedoch genügend Dienstleistungsbetriebe, bei denen man nur die jeweils erforderliche Kapazität zu mieten braucht, so daß die entstehenden Kosten insgesamt relativ niedrig sind. Im Prinzip gibt es keine Grenze der Auswertbarkeit von auf Lochstreifen befindlichen Informationen, da man beliebig viele Maschinendurchläufe vornehmen kann. Da mit steigender Anzahl Durchläufe aber die Auswertungskosten sehr schnell anwachsen, setzt in der Praxis die Anzahl Ordnungsbegriffe der Auswertbarkeit von Lochstreifen auf elektronischen Rechenanlagen, die keine Großraumspeicher aufweisen, eine Grenze.

Die Anwendung des Lochstreifens im betrieblichen Bereich

K. Gautzsch

1. DIE ANWENDUNG DES LOCHSTREIFENS IN DER MESS- UND STEUERTECHNIK

Im Laufe der letzten Jahre wurden von der Industrie immer wieder Produktionssteigerungen, Kostensenkungen und Qualitätssteigerungen gefordert. Diese Forderungen können bekanntlich nicht immer nur einfach durch eine Vergrößerung der Betriebe erfüllt werden. Daher machte sich ein starker Trend zur Rationalisierung und zur Automation bemerkbar. Die Fortschritte in der Meß- und Steuertechnik ermöglichen es, automatisch gesteuerte Maschinen und Fabriken zu errichten und automatisch gesteuerte Prozesse ablaufen zu lassen. Hierbei ist es wichtig zu wissen, daß parallel zu jedem technischen Prozeß ein Informationsprozeß abläuft, durch den der technische Prozeß gesteuert wird [2]. Es ist also nötig, neben dem Arbeitsprozeß auch den Informationsprozeß zu automatisieren. Die Automation eines Informationsprozesses geschieht üblicherweise durch den Einsatz elektronischer Datenverarbeitungsanlagen, die die notwendigen Informationen zur Steuerung eines Arbeitsprozesses errechnen. Die Ausgabe und Übermittlung der Steuerinformationen an die am Arbeitsprozeß beteiligten Aggregate sowie deren Rückmeldungen an den Rechner stellen das Bindeglied zwischen Arbeits- und Informationsprozeß dar. Diese Verbindung herstellen heißt im wesentlichen eine sinnvolle Wahl des Informationsträgers treffen.

Da es sich bei Steuerungsprogrammen gewöhnlich um eine Vielzahl von Einzelinformationen handelt, hat sich in der betrieblichen Praxis der Lochstreifen als am besten geeigneter Informationsträger erwiesen. Im Prinzip ist natürlich auch die Lochkarte verwendbar, jedoch erscheint ihr Einsatz nur dann sinnvoll, wenn sämtliche für die Bearbeitung nötigen Informationen auf einer Karte gespeichert werden können, was in den wenigsten Fällen zutrifft. Da also in der Regel eine Vielzahl von Lochkarten benötigt wird, muß auf jeden Fall ein Sortiergang eingeschaltet werden, für den nicht nur zusätzliche Geräte angeschafft werden müssen, sondern bei dem sich auch eine zusätzliche Fehlerquelle eröffnet. Diesen erhöhten Geräteaufwand ebenso wie Sortierfehler schließt der Lochstreifen von vornherein aus. Außerdem bietet der Lochstreifen noch einige weitere Vorteile gegenüber der Lochkarte. Lochstreifen sind ein wesentlich billigeres Speichermedium; sie sind im Handlocher lochbar und benötigen weniger Platz. Außerdem können Lochstreifen mit herkömmlichen Fernschreibern, Flexowritern oder sonstigen Büromaschinen erstellt werden. Aus diesen Gründen beginnt in Deutschland der Lochstreifen für Steuerungszwecke mehr und mehr populär zu werden.

Eine entscheidende Frage ist noch die zweckmäßigste Art der Codierung. In den USA wurde vor einiger Zeit die Verwendung des 8-Kanal-Lochstreifens für Steuerungszwecke zur Norm vorgeschlagen. Dagegen kann man sich auch für den bereits seit langem international verbreiteten 5-Kanal-Lochstreifen entscheiden, der im Fernschreibverkehr Verwendung findet. Beide Systeme bieten Vor- und Nachteile [3].

Während der 8-Kanal-Lochstreifen 255 mögliche Lochkombinationen zuläßt, sind es beim 5-Kanal-Lochstreifen nur 31. Im ersten Fall sind reichlich Möglichkeiten für Prüfzeichen vorhanden, um den Einlesevorgang selbsttätig zu überwachen; im anderen Falle ist wenig Platz für Prüfzeichen. Der 8-Kanal-Lochstreifen wird mit Flexowritern erstellt, während für den 5-Kanal-Lochstreifen handelsübliche Fernschreiber Verwendung finden, die wesentlich billiger sind als Flexowriter. Außerdem besteht beim 5-Kanal-Lochstreifen die Möglichkeit, die Informationen an entfernt liegende Stellen zu übertragen, entweder über ein werkseigenes oder das öffentliche Fernschreibnetz. Beide Systeme haben die Möglichkeit des Anschreibens von Lochstreifen zu Kontrollzwecken. Eine äußerst zweckmäßige Kontrollmöglichkeit bietet sich an bei der Benutzung von 5-Kanal-Lochstreifen mit der Verwendung des ebenfalls international genormten Ziffernsicherungscodes (ZSC). Der ZSC-Code ist ein 3-aus-5-Code, der in erster Linie zum Übermitteln von Ziffern dient und der sich verhältnismäßig einfach durch serienmäßig hergestellte Kontrollgeräte oder bei der Eingabe in einen Rechner von diesem selbst prüfen läßt. Jedoch hat die Benutzung des ZSC-Codes eine starke Einschränkung von Sonderzeichen und Buchstaben zur Folge.

In letzter Zeit ist für betriebliche Steuerungsprobleme die Lochstreifenkarte (Siemens LSK-Technik) sehr beliebt geworden. Die LSK-Technik verbindet die Vorteile der Lochstreifen mit denen der Lochkarte. Um die Informationen sortierfähig zu machen, löst man den Lochstreifen in einzelne Lochstreifenkarten auf. Jede Lochstreifenkarte kann bei Längen von 175 und 210 mm 81 bzw. 116 Lochungen aufnehmen. Außerdem werden alle abgelochten Informationen am oberen Rand in Klartext ausgeschrieben. Der untere Rand bietet Raum für handschriftliche Eintragungen. Die Vorteile dieses Verfahrens liegen auf der Hand, wenn es darum geht, an einem bestimmten Betriebspunkt den Informationsfluß zu verzweigen. Der LSK-Streifen kann beliebig getrennt und an verschiedene Stellen übermittelt werden. In der betrieblichen Praxis kommt es sehr häufig vor, daß ein Teil der zu übertragenden Informationen aus immer wiederkehrenden Daten besteht. Als Lochstreifenkarte, die ja karteimäßig abgelegt werden kann, sind solche Datensätze dann jederzeit schnell zur Hand.

In Verbindung mit der LSK-Technik wird für die betriebliche Fertigungssteuerung mit gutem Erfolg das Siemens-Selex-Verfahren verwandt [4]. Eine Selex-Anlage besteht im wesentlichen aus einer beliebigen Anzahl von Fernschreibgeräten, die als Ein- und Ausgabegeräte fungieren und über den gesamten Fertigungsbereich verteilt sein können. Alle Geräte sind an eine Steuereinheit angeschlossen. Das Wesen der Anlage besteht nun darin, daß die zur Betriebssteuerung notwendigen Informationen selektiv an die einzelnen, über den Betrieb verteilten Empfangsstationen verteilt werden können. Außerdem besteht die Möglichkeit, daß gewisse Nachrichten erst auf besonderen Abruf an einzelne Betriebsstellen übermittelt werden. Die Anlage arbeitet sowohl im internationalen Fernschreibcode als auch im Ziffernsicherungscode.

2. FERTIGUNGSSTEUERUNG UNTER EINSATZ LOCHSTREIFENGESTEUERTER WERKZEUGMASCHINEN

2.1. Allgemeines

Im folgenden sollen an einem vereinfachten Beispiel die Möglichkeiten des Lochstreifeneinsatzes bei der betrieblichen Fertigungssteuerung gezeigt werden (vgl. Bild 1).

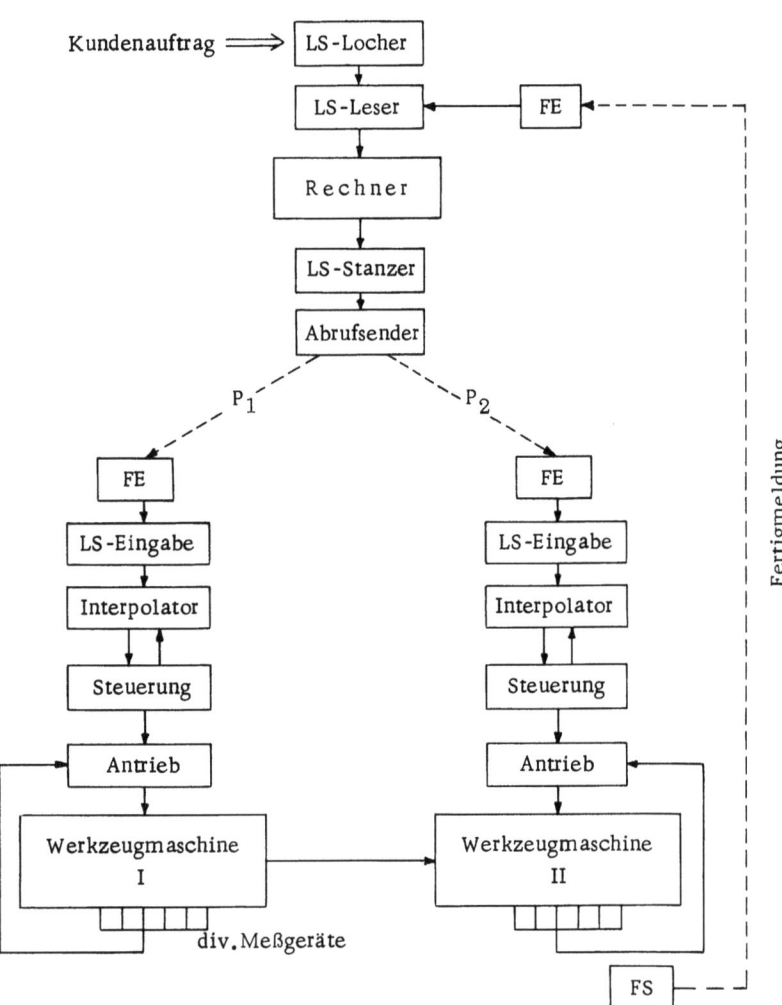

Bild 1
Prinzipskizze eines
Fertigungsablaufs mit numerisch gesteuerten
Werkzeugmaschinen

Siemens Selex-Anlagen werden nur zur selektierten und integrierten Meßdatenerfassung eingesetzt [1]. Dabei nimmt ein Meßdatenspeicher die einlaufenden Meßwerte einer Vielzahl von Meßstellen auf. Die Daten können in Gruppen niedergeschrieben werden, wobei der Meßzeitpunkt durch Datum und Uhrzeitgeber automatisch mitgegeben wird. Die Selex-Anlage steuert selbsttätig die Fernübertragung bestimmter Daten an andere Betriebsstellen. Über eine Konzentratoranlage können selektierte Meßdaten aus mehreren Meßdatenspeichern einer Zentrale übermittelt werden, wo sie als Lochstreifen anfallen und zur Weiterverarbeitung in eine Datenverarbeitungsanlage eingelesen werden können.

In jüngster Zeit wurden Selex-Anlagen zur Produktionslenkung und Steuerung von Walzwerken eingesetzt. Da zur Walzwerkssteuerung eine Vielzahl von Daten erforderlich ist, hat sich der Lochstreifen gerade hier als besonders günstiges Speicher- und Übertragungsmedium von Informationen erwiesen.

Eine effektvolle Fertigungssteuerung sollte bereits beim Eingang des Kundenauftrages einsetzen. Die eingelaufene Bestellung wird nach den betrieblichen Erfordernissen verschlüsselt und auf einem Fernschreiber abgelocht. Der dabei entstehende 5-Kanal-Lochstreifen wird in eine elektronische Datenverarbeitungsanlage eingelesen, die neben den notwendigen Material- und Lagerdispositionen, der Terminverfolgung usw. auch die Programme zur Steuerung der Werkzeugmaschinen selbst erstellt. Das Programm wird als Lochstreifen ausgegeben. Zunächst wird das Programm 1, zur Steuerung der Werkzeugmaschine I, an der das zu verarbeitende Material bereits liegt, über einen Abrufsender dem Betrieb übermittelt. Die Daten kommen als Lochstreifen auf einen Fernschreibempfänger unmittelbar an der Werkzeugmaschine an. Der Programmlochstreifen enthält Schalt- und Ortsinformationen. Die Schaltinformationen sind Befehle, welche die sich bewegenden Maschinenteile und deren Geschwindigkeit bestimmen. Die Ortsinformation gibt an, bis zu welcher Position das Maschinenteil bewegt werden soll, wobei angebaute Meßgeräte die Position in bezug auf einen festen Koordinaten-Nullpunkt bestimmen. Ein Programmlochstreifen zur Bahnsteuerung einer Werkzeugmaschine müßte also eine sehr große Anzahl von Ortsinformationen enthalten, so daß die Gefahr besteht, daß die Einlesegeschwindigkeit des Lochstreifens hinter der Bearbeitungsgeschwindigkeit der Werkzeugmaschine zurückbleiben würde. Daher approximiert der Rechner bei der Erstellung des Programms jede Bahnkurve durch Gerade und Kreisbögen und gibt nur Anfangs- und Endpunkte der einzelnen Kurvenstücke an. Der Interpolator - ein kleiner Spezialrechner - errechnet die notwendigen Zwischenwerte und gibt sie unmittelbar an die Antriebssteuerung der Maschine weiter. Das Steuerwerk verarbeitet die Arbeitsbefehle und beeinflußt entsprechend den Interpolator. Während der Bewegung wird ständig der Sollwert mit dem Istwert verglichen. Bei Erreichen einer gewünschten Position schaltet ein Abschaltrelais die Werkzeugmaschine über deren Steuerung ab, die die nächste Information vom Leser anfordert. Nach Fertigstellung des Werkstücks auf der Werkzeugmaschine I wird es an die Werkzeugmaschine II zur Weiterverarbeitung übergeben. Gleichzeitig wird über den Abrufsender das Programm 2 für die Verarbeitung des Werkstücks auf der Maschine II an den Betrieb übermittelt und fällt dort ebenfalls als Lochstreifen an. Nach der endgültigen Fertigstellung wird der Rechenzentrale über Fernschreiber eine Fertigmeldung übersandt. Der in der Zentrale angefallene Lochstreifen wird, in den Rechner eingelesen, als Ausgangsinformation für die Versandaufgabe, Kostenrechnung usw. benutzt.

Eine immer wieder gestellte Frage ist die nach der Sicherheit der Anwendung von Lochstreifen [3]. Sicherlich reicht eine einfache Sichtkontrolle durch Anschreiben des Streifens nicht immer voll aus, obwohl auch dabei meistens schon gewisse Fehler entdeckt werden können. Es können natürlich auch Fehler bei der Übertragung entstehen, gegen die man sich aber durch Benutzung des ZSC-Codes weitgehend schützen kann. Eine weitere Fehlermöglichkeit besteht beim Lesevorgang an der zu steuernden Werkzeugmaschine selbst. Als äußerst sinnvolle Sicherheitsvorkehrung bietet hier die Firma Siemens & Halske einen Doppelleser an. Dabei werden gleichzeitig 2 Pentaden des Lochstreifens unter 2 voneinander unabhängigen Abtastvorrichtungen gelesen, so daß beim normalen Durchlauf jede Pentade zweimal gelesen wird. Durch eine entsprechende Schaltung ist es möglich, einen Vergleich der beiden unabhängig voneinander erfolgten Abtastungen vorzunehmen. Stimmen die Ergebnisse der beiden Abtastvorgänge nicht überein, so kann die Anlage stillgesetzt werden.

Eine weitere Fehlermöglichkeit stellen Fehllochungen dar, gegen die auch ein raffiniert ausgeklügeltes Codesystem meistens wenig ausrichtet, zumal dann, wenn der Fehler noch ein scheinbar sinnvoller Wert ist. Aber auch hier gibt es Möglichkeiten, gegen solche Fehler anzugehen. Bevor man den Lochstreifen zur eigentlichen Steuerung einliest, wird der Interpolator auf ein Kontrollgerät geschaltet, welches die Bahnkurve sichtbar macht. Auf diese Weise kann der Streifen vor der Bearbeitung des Werkstücks getestet werden.

2.2. Beispiel einer Positionierungssteuerung

Nun soll am Beispiel einer Fräsmaschine eine numerische Steuerung erläutert werden [5] (s. Bild 2). Als Informationsträger für das Programm wird ein 5-Kanal-Lochstreifen benutzt. Es wird ein 3-aus-5-Code gewählt, und die Orts- und Schaltinformationen werden in Buchstabenkombinationen verschlüsselt. Der Programmlochstreifen wird über einen Lochstreifenleser eingelesen und die Information zu einem Codeumsetzer weitergeleitet. Hier findet eine Umwandlung in einen 1-aus-10-Code statt. Der Informationsverteiler kann so Schalt- und Ortsinformationen unterscheiden. Die Schaltinformationen werden der Maschinensteuerung zugeführt. Bei den Ortsinfor-

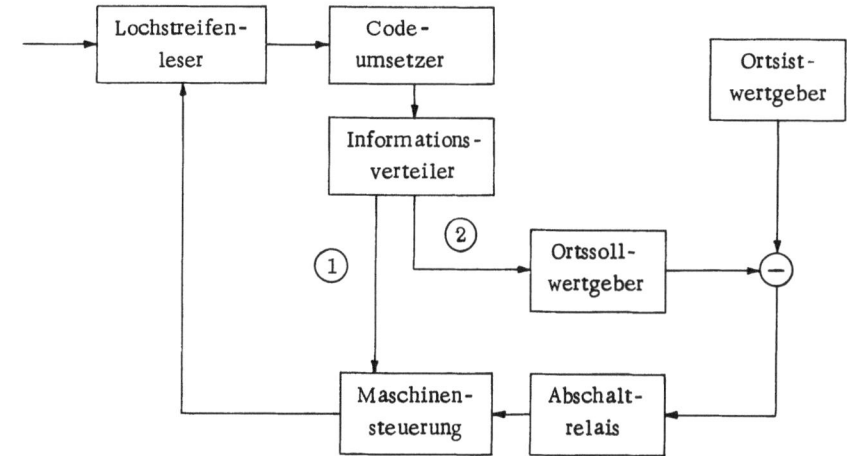

Bild 2
Informationsfluß für die Positionssteuerung einer Fräsmaschine (BBC)
1. Schaltinformation;
2. Ortsinformation

mationen wird ein Soll-Ist-Vergleich durchgeführt und bei Übereinstimmung über ein Abschaltrelais die Positionssteuerung abgeschaltet.

Als Schaltinformationen sind Konsol-, Tisch- und Schlittenbewegungen mit 18 verschiedenen Vorschüben möglich. Die Ortsinformation besteht aus Spindelbefehl, einer Vorschubstufe, der Koordinate und der Position.
Die Meßunsicherheit des gesamten Positioniersystems soll normal $\pm$ 10 µm betragen.

2.3. Beispiel einer Bahnsteuerung [6]

In einem Zwischenspeicher werden die Daten des Programmlochstreifens zunächst gespeichert. Dieser Zwischenspeicher ist nötig, um einen kontinuierlichen Programmablauf, unabhängig vom Einlesen, zu erreichen. Die Ortsinformationen gehen weiter zu einem binär arbeitenden Interpolator, der

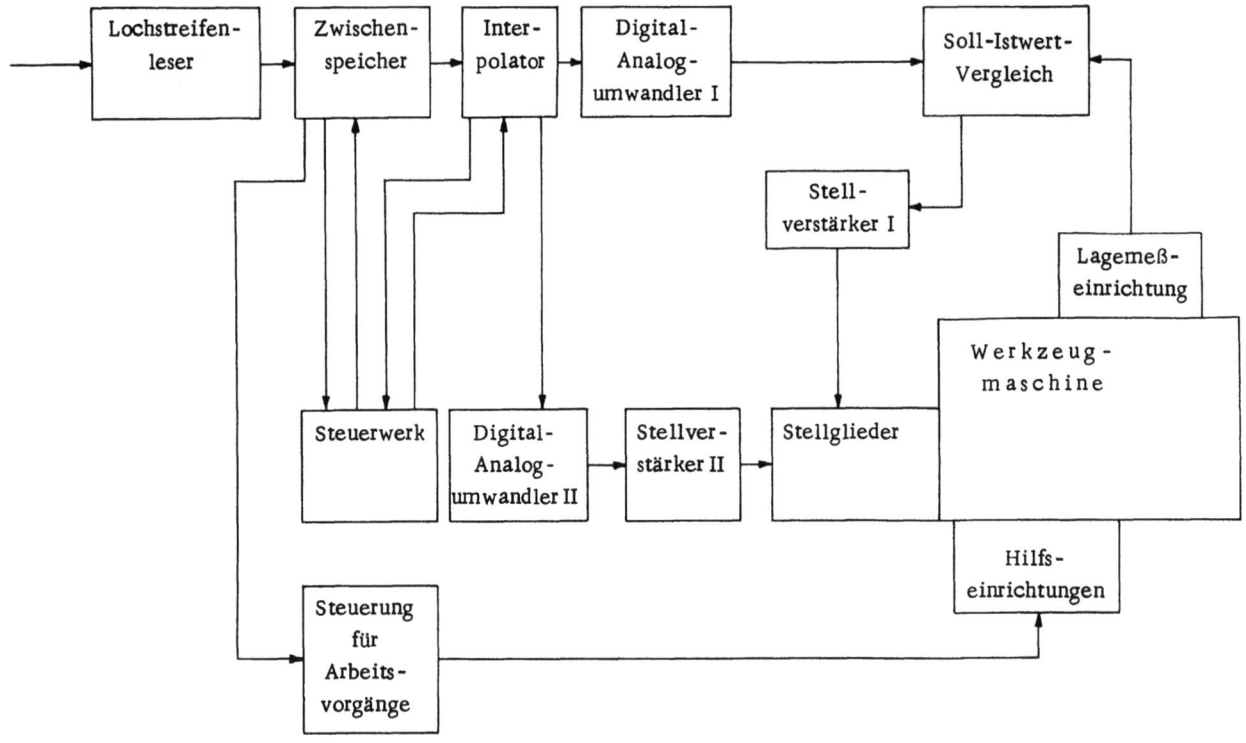

Bild 3
Informationsfluß bei einer Bahnsteuerung mit Inneninterpolator

gradlinig oder kreisförmig zwischen zwei Punkten interpoliert. Dabei ist der kleinste ausgegebene Interpolationszuwachs je Koordinate 10 µm. Das Steuerwerk verarbeitet die Arbeitsbefehle und steuert das Einlesen des Lochstreifens in den Zwischenspeicher.

Die Ortssollwerte werden im kontaktlos arbeitenden Digital-Analogwandler I (Bild 3) umgeformt und mit den von der Maschine gemeldeten Ortsistwerten verglichen. Durch die Regelabweichung wird der Stellverstärker I betätigt. Die Drehzahlsteuerung der Motoren wird bereits vom Interpolator aus nach dem Arbeitsprogramm vorgenommen. Die Information wird im Digital-Analogwandler II in analoge Spannungen umgeformt, die über die Stellverstärker II auf die Vorschubmotoren wirken.

2.4. Ausblick

Der Einsatz lochstreifengesteuerter Systeme bedingt - und das ist einleuchtend - natürlich immer gewisse innerbetriebliche Umstellungen. Arbeitsprozesse und Informationsprozesse müssen in der Regel umorganisiert werden. Begreiflicherweise wird angesichts dieser Tatsache die Frage nach der Wirtschaftlichkeit des Einsatzes numerischer Steuerungen gestellt. In diesem Zusammenhang werden heute, nach einer relativ kurzen Entwicklung, bereits bemerkenswerte Zahlen genannt [7]. Bei sinnvollem Einsatz konnten Zeitersparnisse von 53,1 % und Kostenersparnisse von 58,2 % gegenüber der Handsteuerung beobachtet werden. Die allgemein stark ansteigende Tendenz zum Einsatz numerischer Steuerung scheint diese Angaben zu rechtfertigen.

Literatur

[1] E. M. Grabbe: Der derzeitige Stand der Regelung mit digitalen Rechenanlagen, Regelungstechnik 9, 1961, S. 313 - 318.

[2] H. Kaufmann: Nachrichten-Verarbeitung und Automatisierung, Beihefte zur Zeitschrift "Elektronische Rechenanlagen" Bd. 2, 1961.

[3] Dr.-Ing. W. Simon: Gedanken zur praktischen Gestaltung zahlengesteuerter Werkzeugmaschinen, Werkstatt und Betrieb 93, 1960, H. 11, S. 693-701.

[4] Siemens & Halske AG: Siemens-Selex

[5] H. Stüben: Arbeitsvorbereitung und Programmierung lochstreifengesteuerter Werkzeugmaschinen, Werkstatt und Betrieb 93, 1960, H. 10, S. 637-641.

[6] D. Boese, E. Götz und H. G. Lott: Die numerische Steuerung von Werkzeugmaschinen, Regeltechnik 9, 1961, S. 93-97.

[7] W. Maßberg: Entwicklungsstand und Tendenzen der Informationsverarbeitung, Industrieanzeiger, Essen, Nr. 89, Nov. 1962, S. 52-54.

Anwendungen von Lochstreifen bei technisch-mathematischen Berechnungen sowie bei Berechnungen aus dem Gebiet des Operations Research

H. K. Schuff

Lochstreifen sind der klassische Datenträger elektronischer Rechenanlagen bei mathematisch-technischen Berechnungen. Die dabei entstehenden Probleme ähneln denen der kaufmännischen Datenverarbeitung und werden besonders durch die mangelnde körperliche Sortierbarkeit des Lochstreifens gekennzeichnet. Dabei ist hervorzuheben, daß technisch-mathematische Aufgaben vielfach Datenverarbeitungsstruktur im Sinne der kaufmännischen Datenverarbeitungsprobleme aufweisen; man findet hier durchaus das gemeinsame Verarbeiten mehrerer Files sowie das Auftreten großer Daten- und Ergebnismengen. (Letzteres z.B. dort, wo gewisse dokumentarische Forderungen an die Ergebnisse gestellt werden, wie dies z.B. bei allen Hoch- und Tiefbauproblemen statischer Art der Fall ist. Ähnliches gilt für die Auswertung von Meßdaten, die einen dokumentarischen Wert haben. Man denke hier nur an geodätische Aufnahmen u.ä..)

Ein Beispiel rein mathematischer Art, bei dem sehr große Ergebnismengen auftreten, ist die Fouriersynthese. Hier können - z.B. bei der Untersuchung von Kristallstrukturen - drei beliebig gegeneinander variierbare Parameter auftreten. Typisch ist hierbei, daß die Anzahl dieser Parameter bei mathematisch-technischen Problemen die Menge der Ausgabewerte sehr stark bestimmen kann; eine Menge von 10 000 und mehr Gleitkommazahlen ist dabei nichts Besonderes. Wie man hieraus sieht, ist diese Menge schon im dreidimensionalen Fall sehr erheblich.

In vielen technischen Aufgaben jedoch treten wesentlich mehr voneinander unabhängige Parameter auf, die etwa bestimmte Betriebsfälle beschreiben. Will man daher nicht ein einzelnes, bestimmtes Problem lösen, sondern einen ganzen Atlas rechnen, so können hierbei möglicherweise Millionen von Ergebniszahlen auftreten. Die Ausgabe dieser Ergebnisse, sofern sie nicht über Schnelldrucker, die nur bei größeren Rechenanlagen üblich sind, erfolgt, ist zweifellos eine Aufgabe, die in hervorragender Weise mit Hilfe von Lochstreifen erledigt werden kann. (Bei der Lochkarte wird hierbei der Preis der einzelnen Karte zum Problem, da diese bekanntlich mehr als das 10fache eines entsprechenden Lochstreifenstücks kostet. Die Ergebniswerte haben nämlich die Eigenschaft, daß sie nach ein- oder zweimaligem Anschreiben auf einem entsprechenden Schreibgerät unwichtig werden und weggeworfen werden können.)

Ein weiteres typisches Beispiel liegt in der Statik bei der Durchrechnung großer Systeme, etwa zweidimensionaler Stabwerke, vor. Im Grunde handelt es sich dabei um die direkte oder iterative Lösung eines umfangreichen Gleichungssystems, dessen Koeffizienten bzw. Hilfswerte möglicherweise im Arbeitsspeicher der zur Verfügung stehenden Maschine nicht alle Platz haben. In diesem Fall tut man gut, das System in zwei oder mehrere Teile aufzuteilen und so die Anzahl der Gleichungen bzw. der einzugebenden Zahlen je System zu reduzieren. Man ist dann aber gezwungen, für die Teilsysteme wesentlich mehr Ergebnisse zu errechnen (Einflußflächen), und nach Beendigung der Einzelrechnungen müssen sämtliche Ergebnisse überlagert werden. Hierbei entsteht eine regelrechte Datenverarbeitung, die mit Lochstreifen sehr wohl erledigt werden kann, bei der aber der Lochstreifen auch seine Grenzen zeigt. Man sieht nämlich, daß es notwendig ist, hier sehr schnelle Lochstreifenstanz- und -lesegeräte zu haben, da besonders beim Überlagern die erforderliche Zeit im wesentlichen Lesezeit ist. (In der Praxis werden die genannten statischen Probleme auf Maschinen erledigt, die zumeist keine Lochkartenanschlüsse haben bzw. nicht über Großraumspeicher verfügen. Es hat sich dann gezeigt, daß die Probleme der Statik doch auf Maschinen, die mit mittleren Lochstreifengeräten ausgerüstet sind, gelöst werden können.)

Ein weiteres typisches Beispiel ist die Inversion einer Matrix, die nicht ganz in den Arbeitsspeicher der Maschine hineingeht. In diesem Fall teilt man die Matrix in 4 Untermatrizen auf und erhält die folgenden Formeln:

$$\begin{pmatrix} a_{11} & a_{12} \\ a_{21} & a_{22} \end{pmatrix}^{-1} = \begin{pmatrix} a_{11}^{-1}(\mathscr{E} + a_{12}\mathscr{R}^{-1} a_{21} a_{11}^{-1}) & -a_{11}^{-1} a_{12} \mathscr{R}^{-1} \\ -\mathscr{R}^{-1} a_{21} a_{11}^{-1} & \mathscr{R}^{-1} \end{pmatrix}$$

wobei $\mathscr{R} = (a_{22} - a_{21} a_{11}^{-1} a_{12})^{-1}$ ist.

Auch auf dem Gebiet des Operations Research handelt es sich im wesentlichen um die Behandlung großer Matrizen, und es treten die Probleme der Teilung derartiger Matrizen mit den dabei notwendigen Datenverarbeitungsaufgaben auf, wie im eben beschriebenen Beispiel der Inversion einer Matrix. Daneben gehört hierher das Gebiet der mathematischen oder technischen Statistik. Dieses verlangt oftmals die Eingabe großer Datenmengen. Die Ausgabe von Ergebnissen jedoch spielt eine geringere Rolle.

Bei mathematischen Maschinen werden in sehr vielen Fällen 5-Kanal-Lochstreifen verwandt, da es relativ billig ist, als off-line-Gerät die seit langem bekannten Fernschreiber zu verwenden. Erst in neuerer Zeit hat insbesondere die IBM mit ihrer IBM 1620 das 8-Kanal-System eingeführt. Gewisse Schwierigkeiten bereitet das 5-Kanal-System bei der Einführung der ALGOL-Sprache. Hierbei hat man sich zu ganz bestimmten Konventionen bereitfinden müssen, die das

Nichtvorhandensein einer größeren Menge mathematischer Zeichen im 5-Kanal-Code überbrücken. Man hat dabei gesehen, daß dadurch hauptsächlich die Ablochzeit etwas erhöht wird, die Bearbeitung von Aufgaben mit der ALGOL-Sprache an sich jedoch nicht eingeschränkt wird. Eine derartige Einschränkung entsteht an einigen Stellen höchstens aus der Rechengeschwindigkeit der Maschine bzw. ihrer Kapazität, einen entsprechenden Kompiler zu fassen. - Aus der Notwendigkeit, einen 5-Kanal-Lochstreifen bei ALGOL zu verwenden, ist die sogenannte ALKOR-Gruppe entstanden -. Verwendet man bei ALGOL einen 6- oder 7-Kanal-Streifen, so kann man eine größere Anzahl mathematischer Symbole direkt einfügen und so gewisse Ablochvorschriften erleichtern.

Am Beispiel des Einsatzes eines 7-Kanal-Lochstreifens bei der X 1 hat sich jedoch gezeigt, daß die Arbeitsweise der Verwendung von 2 Lochstreifentypen nebeneinander, nämlich des 7-Kanal-Lochstreifens bei der Eingabe des eigentlichen ALGOL-Programms und der ALGOL-Daten sowie des 5-Kanal-Lochstreifens für die Eingabe des ALGOL-Kompilers, der Subroutinen und des Objektbandes, nicht besonders zweckmäßig ist. Es ist nämlich dabei erforderlich, oftmals zwischen 7- und 5-Kanal-Bändern hin und her zu schalten. Das ist bei modernen Lochstreifenlesegeräten zwar relativ einfach. Besonders bei schnellen Geräten aber gibt es recht unangenehme Schwierigkeiten, die für den Programmierer nicht zu beseitigen sind. Es zeigt sich nämlich, daß die unterschiedliche Masse, die jeweils, selbst bei locker durchhängendem Band, bei einem 7- bzw. 5-Kanal-Streifen bewegt werden muß, eine jeweilige Umjustierung des betreffenden Lochstreifenlesers erfordert; andernfalls werden möglicherweise einzelne Lochzeichen überlesen bzw. stoppt das Gerät zwischen zwei Lochzeilen. Dies ist ein typisches Beispiel dafür, daß eine äußerlich recht gut erscheinende Erleichterung, insbesondere beim Ablochen und unter Umständen auch beim Aufschreiben von Programmen, in der Praxis durch die entstehenden maschinellen, in diesem Fall rein mechanischen Schwierigkeiten völlig aufgehoben werden, und daß man besser daran tut, den geringen Mehraufwand, der beim 5-Kanal-Lochstreifen erforderlich ist, in Kauf zu nehmen.

In jüngerer Zeit häufen sich die Versuche, Zeichnungen, wie sie im Bereich der Technik und auch in gewissen Verwaltungsbereichen häufig benötigt werden, automatisch zu erstellen. In Deutschland ist hierfür als erstes Gerät ein Zeichentisch von Zuse auf den Markt gekommen, der ausreichend schnell und exakt arbeitet. Dieser Zeichentisch ist lochstreifengesteuert. Damit gibt es hier ein neues Anwendungsgebiet von Lochstreifen bei der Lösung mathematisch-technischer Probleme. Man geht dabei so vor, daß man zunächst mit Hilfe einer elektronischen Rechenanlage die entsprechenden Ergebnisse ermittelt. Diese werden mit Hilfe spezieller Übersetzungsprogramme in die Fahrbefehle für den Zeichentisch übersetzt und dann mit einem Lochstreifenstanzer in der für den Tisch notwendigen Form ausgestanzt. Im übrigen verwendet auch dieses Gerät zur Hauptsache den 5-Kanal-Lochstreifen.

Digitale Informationswandler

Probleme der Informationsverarbeitung in ausgewählten Beiträgen
Selected Articles on Problems of Information Processing
Une sélection d'articles techniques sur les problèmes concernant le traitement d'informations

Herausgegeben von WALTER HOFFMANN, Rüschlikon/ZH, unter Mitarbeit von 25 Fachwissenschaftlern. Gr. 8°. XXIV, 740 Seiten mit 173 Abbildungen und ca. 2100 Literaturanführungen. 1962. Leinen. DM 94,—.

Inhalt: *Heinz Zemanek*, Wien: Automaten und Denkprozesse — *Ambros P. Speiser*, Zürich. Neue technische Entwicklungen — *Rudolf Tarján*, Budapest: Logische Maschinen — *Theodor Erismann*, Schaffhausen: Digitale Integrieranlagen und semidigitale Methoden — *Herman H. Goldstine*, New York: Interrelations between Computers and Applied Mathematics — *Friedrich L. Bauer*, Mainz, und *Klaus Samelson*, Mainz: Maschinelle Verarbeitung von Programmsprachen — *Willem Louis van der Poel*, Den Haag: Micro-programming and Trickology — *Robert W. Bemer*, New York: The Present Status, Achievement and Trends of Programming for Commercial Data Processing — *Hans Konrad Schuff*, Dortmund: Probleme der kommerziellen Datenverarbeitung — *Yehoshua Bar-Hillel*, Jerusalem: Theoretical Aspects of the Mechanization of Literature Searching — *Erwin Reifler*, Seattle: Machine Language Translation — *Konrad Zuse*, Bad Hersfeld: Entwicklungslinien einer Rechengeräte-Entwicklung von der Mechanik zur Elektronik — *Jan Oblonsky*, Praha, und *Antonín Svoboda*, Praha: Computer Progress in Czechoslovakia — *Hideo Yamashita, Motinori Goto, Yasuo Komamiya, Hidetosi Takahasi, Eiichi Goto, Shigeru Takahashi, Hiroji Nishino, Tohru Motooka* und *Noriyoshi Kuroyanagi*, Tokyo: Digital Computer Development in Japan — *Walter Hoffmann*, Rüschlikon/ZH: Entwicklungsbericht und Literaturzusammenstellung über Ziffern-Rechenautomaten — Namen- und Sachverzeichnis.

Der vorliegende Sammelband befaßt sich mit digitalen Informationswandlern im Sinne der Informationsmaschine und bringt 16 Beiträge (davon 8 in deutscher und 8 in englischer Sprache) zu diesem Gebiet, wobei auch beim Einsatz digitaler Informationswandler auftretende Probleme der Informationsverarbeitung behandelt werden. Der Sammelband „Digitale Informationswandler" stellt ein wissenschaftliches Buch dar, das in der Mitte steht zwischen den spezielle Einzelprobleme behandelnden, zahlreichen, in verschiedenen Fachzeitschriften und Fachberichten verstreuten Artikeln und einer, einen mehr oder weniger abgeschlossenen Wissenschaftszweig behandelnden Monographie.

Ausführlicher Prospekt auf Anforderung

FRIEDR. VIEWEG & SOHN — BRAUNSCHWEIG

elektronische datenverarbeitung

Fachberichte über programmgesteuerte Maschinen und ihre Anwendung

Electronic Data Processing

Traitement Numérique d'Informations

Redaktion: Dr. H. K. Schuff, Dortmund. Unter Mitwirkung von: Dr. H. Christen, Hamburg, Dr. E. Glowatzki, Darmstadt, Dr. F. R. Güntsch, Konstanz, Prof. Dr. W. Haack, Berlin, Prof. Dr. H. Herrmann, Braunschweig, N. D. Hill, Hayes/England, Dr. F. J. P. Leitz, Ludwigshafen, Dr. E. Liebel, Prien, Dr. Paul Schmitz, Frankfurt/Main, Prof. Dr. A. van Wijngaarden, Amsterdam/Holland.

5. Jahrgang 1963, — Jährlich (6 Hefte, etwa 360 S.) DM 48,—.

Einzelheft DM 8,50

Probeheft auf Anforderung

Scientific Reports about Program Controlled Machines and their Applications

Rapports spéciaux concernant des calculateurs électroniques et leur application

Aus dem Programm der Fachberichte

Allgemeine Berichte über die Situation auf dem Gebiet der Büro-Automation und des elektronischen Rechnens; Betriebsautomatisierung — Berichte aus Theorie und Praxis; Neue Rechenanlagen — Möglichkeiten, Einsatz und Installierung; Praxis der Programmierung mit konkreten Beispielen aus Wirtschaft und Verwaltung; Neuentwicklungen der Grundlagenforschung; Kurzmitteilungen; Literaturübersichten

---

BEIHEFTE ZU elektronische datenverarbeitung

Heft 1

Theodor Fromme

Der Äquivalenzkalkül — Die Schaltmatrizen

Redaktion: Dr. H. K. SCHUFF, Dortmund. Schriftleiter: Dr. W. HÄNDLER, Saarbrücken. DIN A 4. V, 29 Seiten mit 22 Abbildungen. 1962. Broschiert. DM 7,80. (Vorzugspreis für Abonnenten der „elektronischen datenverarbeitung" DM 7,—.)
I n h a l t : Geleitwort — Lebenslauf Theodor Frommes — Der Äquivalenzkalkül — Literatur — Die Schaltmatrizen — Liste der Veröffentlichungen von Theodor Fromme.

Heft 2

ALGOL 60

Redaktion: Dr. H. K. SCHUFF, Dortmund. Schriftleiter: Prof. Dr. van WIJNGAARDEN, Amsterdam. DIN A 4. 3., verbesserte Auflage. IV, 56 Seiten. 1963. Broschiert. DM 10,—. (Vorzugspreis für Abonnenten der „elektronischen datenverarbeitung" DM 9,—.)
I n h a l t : Vorwort — Geleitwort von Prof. Dr. van Wijngaarden — Bericht über die algorithmische Sprache ALGOL 60 — ALGOL 60, Programme für das Verfahren von Holzer-Tolle — Erfahrungen mit dem Burroughs Compiler — Praktische Erfahrungen im ALGOL 60-Betrieb.

Heft 3

Einführung in die Informationstheorie

Von Dr. ERNST HENZE, Ulm. Redaktion: Dr. H. K. SCHUFF, Dortmund. DIN A 4. IV, 32 Seiten. 1963. Broschiert. DM 6,80. (Vorzugspreis für Abonnenten der „elektronischen datenverarbeitung" DM 6,20.)
I n h a l t : Einleitung — Die Entropie — Informationsquellen — Kanäle — Der Satz von Feinstein — Die Sätze von Shannon - Abschließende Bemerkungen — Literatur.

Ausführliche Prospekte bitte anfordern   *Weitere Beihefte in Vorbereitung*

FRIEDR. VIEWEG & SOHN
33 BRAUNSCHWEIG

Neue Systeme lösen Probleme : Friden

Auftragsbearbeitung — Fakturierung — Arbeitsvorbereitung — Datenerfassung

Die moderne Wirtschaft denkt in Zahlen. Sie ordnend zusammenzufassen, sicher zu nutzen und exakt auszuwerten ist die Forderung der Zeit. Zweckentsprechende Organisation und zeitgerechte Anlagen sind absolute Voraussetzung. Friden garantiert nicht nur das eine, sondern auch das andere.

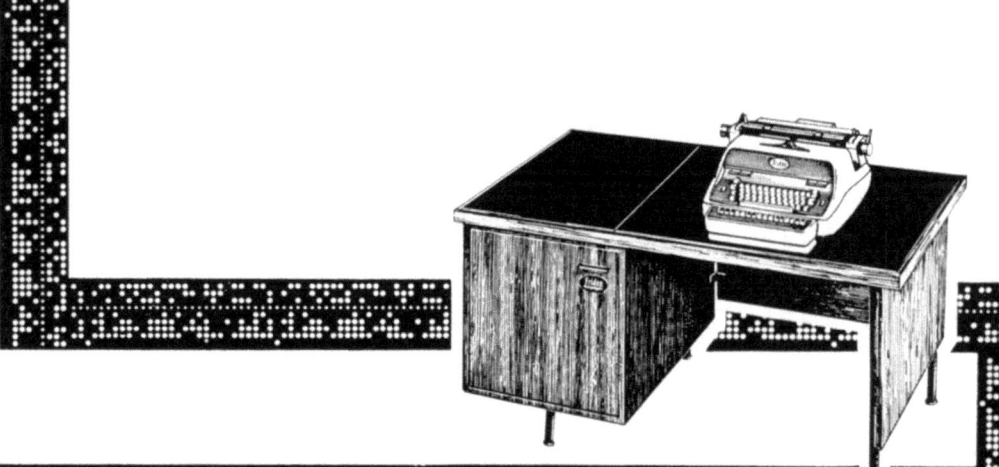

Für alle Probleme der Fakturierung nun acht neue Modelle auch mit programmierbarer Lochstreifenausgabe zur elektronischen Datenauswertung. In zwei neuen Serien erweitert der bewährte Friden-Fakturierautomat COMPUTYPER den bekannt hohen Bedienungskomfort. Friden setzt hiermit einen Maßstab auf dem Gebiet neuzeitlicher Fakturiermaschinen.

Modernste Elektronik und erprobte Friden-Lochstreifentechnik bietet der Friden 6010 Computer. Dieser volltransistorisierte Elektronenrechner eröffnet der Büroautomation völlig neue Wege; auch in Betrieben mittlerer und unterer Größenordnung.

Bitte informieren Sie sich über diese und weitere Neuentwicklungen, schreiben Sie an Friden GmbH. 85 Nürnberg 2, Postfach 2466

VIEWEG BÜCHER für Wissenschaft und Technik
FRIEDR. VIEWEG & SOHN · BRAUNSCHWEIG

Jahrbücher der Wissenschaftlichen Gesellschaft für Luft- und Raumfahrt e.V. (WGLR)

Herausgegeben von Prof. Dr. HERMANN BLENK, Braunschweig.

WGLR-Jahrbuch 1962

DIN A 4. 652 Seiten mit 849 Abbildungen und 39 Tabellen. 1963. Leinen. DM 94,–.

Inhalt: Vorträge der WGL-Tagung in Braunschweig vom 9.–12. Oktober 1962. Festvortrag. Etwa 70 Vorträge aus folgenden Gebieten: Überschall-Luftverkehr, Aerodynamik, Magnetströmungsdynamik, Flugmechanik, Navigation und Flugregelung, Flugmeßtechnik, Elektronik, Senkrechtstart (VTOL), Triebwerkforschung, Treibstoffe, Festigkeit, Werkstoffe, Raumfahrt, Flugmedizin. Allgemeines.

Lieferbar:

WGL-Jahrbuch 1961. 1963. DM 72,–	WGL-Jahrbuch 1956. 1957. DM 38,–
WGL-Jahrbuch 1960. 1961. DM 72,–	WGL-Jahrbuch 1955. 1956. DM 48,–
WGL-Jahrbuch 1959. 1960. DM 56,–	WGL-Jahrbuch 1954. 1955. DM 36,–
WGL-Jahrbuch 1958. 1959. DM 38,–	WGL-Jahrbuch 1953. 1954. DM 28,–
WGL-Jahrbuch 1957. 1958. DM 58,–	WGL-Jahrbuch 1952. 1953. DM 24,–

Interessenten: Wissenschaftler und Techniker auf dem Gebiet der Luft- und Raumfahrt. Mediziner. Die einschlägige Industrie. Institute. Forschungsanstalten. Bibliotheken. Luftverkehrs- und Flughafengesellschaften.

VIEWEG BÜCHER für Wissenschaft und Technik
FRIEDR. VIEWEG & SOHN · BRAUNSCHWEIG

DEDEKIND
Über die Theorie der ganzen algebraischen Zahlen

Von Prof. Dr. RICHARD DEDEKIND. Nachdruck des elften Supplements mit einem Geleitwort von Prof. Dr. B. L. van der WAERDEN, Zürich. DIN A 5. 314 Seiten. 1964. Leinen. DM 22,–.

Dieses Buch ist ein unveränderter Nachdruck des elften Supplements von Richard Dedekind, das in seinen drei Fassungen eine nachhaltige Wirkung ausgeübt hat. Es markiert einen Wendepunkt in der Geschichte der Zahlentheorie und der Algebra. 1897 zeigte Hilbert in seinem Zahlbericht, wie sich die Theorie der algebraischen Zahlkörper auf dem von Dedekind geschaffenen Fundament in kurzer Zeit zu einer erstaunlichen Höhe entwickelt hat. Richard Dedekind und Evariste Galois waren es, die der modernen Algebra ihre Struktur gegeben haben.

Interessenten: Mathematiker. Institute. Bibliotheken.

Sonderprospekt auf Wunsch.

Worum geht es Ihnen?

MBP

Rechenzentrum Rhein-Ruhr
Mathematischer Beratungs-
und Programmierungsdienst GmbH
Dortmund · Kleppingstraße 26 · Ruf 52 86 97
Geschäftsstelle Nord Lübeck ·
Schönböckener Straße 24 · Ruf 41 69 8

Um Rationalisierung?

Ratio heißt Vernunft. Rationalisieren also vernünftiger machen.
Man kann z. B. Rechnungen manuell vorschreiben. Sie mit der Tischrechenmaschine rechnen. Dann auf einer Schreibmaschine schreiben. Einen Rechnungsdurchschlag ablochen. Und so einen maschinenlesbaren Datenträger gewinnen.
Man kann auch eine Fakturiermaschine mit Lochstreifenlocher benutzen. Und rechnen. Und schreiben. Und ablochen. Und einen maschinenlesbaren Datenträger gewinnen. Alles in einem Arbeitsgang.

Der MBP findet den zweiten Weg vernünftiger. Und richtet sich danach. Fakturiermaschinen, Registrierkassen, Buchungsautomaten, Addiermaschinen usw. mit Lochstreifenlocher stehen bei einer ganzen Reihe von Kunden des MBP.

If you have any concerns about our products,
you can contact us on
ProductSafety@springernature.com

In case Publisher is established outside the EU,
the EU authorized representative is:
**Springer Nature Customer Service Center GmbH
Europaplatz 3, 69115 Heidelberg, Germany**

Printed by Libri Plureos GmbH
in Hamburg, Germany